ÁLGEBRA

TOMO 1

HAKE MATE

ÁLGEBRA

TOMO 1

HAKE MATE

HÉCTOR ALONSO AKÉ MIÁN

Número de Control de la Biblioteca del Congreso de EE. UU.:   2012904779
ISBN: Tapa Blanda   978-1-4633-2053-9
     Libro Electrónico   978-1-4633-2052-2

Para pedidos de copias adicionales de este libro, por favor contacte con:
Palibrio
1663 Liberty Drive
Suite 200
Bloomington, IN 47403
Llamadas desde los EE.UU. 877.407.5847
Llamadas internacionales +1.812.671.9757
Fax: +1.812.355.1576
ventas@palibrio.com
383527

PRÓLOGO

Las matemáticas en general son consideradas como algo complejo por muchos alumnos. En este texto los autores logran presentar el Álgebra de forma lógica y coherente. Desde la enseñanza del uso de los Signos de agrupación; pasando por los Productos notables, los cuales forman la base para entender operaciones más complejas, y culminando con las Fracciones parciales.

El álgebra es el lenguaje matemático básico, el código universal para entender otras ramas de las matemáticas. Sus orígenes son muy antiguos, remontándose al inicio de la civilización humana, ya que hay evidencia de su uso en la antigua Mesopotamia. Fue usada por las grandes culturas del mundo antiguo para resolver problemas. Con el conocimiento de ella, Los Romanos construyeron El Coliseo, Los Egipcios Las Pirámides, Los Mayas Chichen Itzá. Con esta como herramienta se resuelven problemas tan antiguos como ¿qué cantidad de semillas se requieren para una superficie dada?, y problemas tan modernos como el diseño de microprocesadores y software.

En definitiva el mundo actual con todas la tecnologías que actualmente usamos a diario como la internet, Smartphone y computadoras, no serían posibles sin el álgebra. El lenguaje que esta representa en las matemáticas une a la Ingeniería, las Ciencias Sociales, las Ciencias Naturales, la Economía.

En este texto, los temas y el orden en el que son presentados, llevan el aprendizaje de esta rama de las matemáticas como si los autores estuvieran impartiendo una clase particular al lector. La abundancia de ejercicios presentados hace que la práctica de los temas presentados sean parte integral del aprendizaje.

Álgebra tomos I y II, presentan de forma actual y efectiva el aprendizaje de esta rama fundamental de las matemáticas.

Desde aquí me permito felicitar de forma particular a quien tengo el privilegio de tener como amigo desde hace ya muchos años, el Maestro Héctor Alonso Aké Mián.

Víctor Felipe Cetina Lugo

DEDICADO A

Mi esposa Aneli Diana Demalinali Torres Maldonado, gracias por todo lo que has hecho para hacer mi vida más gratificante y divertida, sigamos juntos en esta aventura y sigamos adelante en nuestros proyectos. Nena, lo logramos.

A mi hija Lool Béh Aké Torres, que al despertar cada mañana me motiva a seguir adelante y no desfallecer, y que me recibe con una gran sonrisa y los brazos abiertos cuando llego a casa.

¡¡¡LAS AMO!!!

AGRADECIMIENTOS

Agradezco a Dios por darme la sabiduría y la fortaleza para la escritura del presente, y a mis padres por darme la vida, a mi mamá la Sra. Margarita Mián Cobá quien me apoyo siempre para realizar mis sueños de estudiar, a mi Papá, el Sr. Fredy Alonso Aké Chán que de alguna manera indirecta me ayudo a seguir adelante; a mi hermana y hermano por su apoyo incondicional.

Agradezco a mi esposa Aneli Diana Demalinali Torres Maldonado por su comprensión y su paciencia durante el desarrollo de la presente así como me ayudo en la captura, redacción y diseño del interior.

A mis amigos que me apoyaron durante mis estudios, Víctor Felipe Cetina Lugo, Freddy Ángel Llanes Novelo, José Antonio Canto Esquivel, Ramón Álvarez Ruiz y a todos mis compañeros, amigos y familiares de los mismos que me brindaron su casa, ropa y alimentos, ya que sin ese apoyo no habría terminado o iniciado mis estudios y en consecuencia esta obra nunca se hubiera escrito, muchas gracias.

Agradezco a mi amigo Ing. Sergio Jiménez Segura, quien me regalo un poco de su tiempo para revisar y darme su punto de vista así como sus sugerencias para minimizar errores y mejorar el contenido.

Agradezco a mis alumnos del Tecnológico de Estudios Superiores de Ecatepec (TESE) y a las 7 generaciones que tomaron mis cursos en mi Centro de Enseñanza CURSOS AKÉ ahora llamado HAKE MATE por su colaboración en el desarrollo de esta obra, ya que con ellos implemente mi método de enseñanza, la cual me permito presentar de una manera sencilla y entendible, cabe mencionar que los ejercicios que se exponen, yo mismo se los dejé como tarea y al revisarlos se comprobaron los resultados de aprendizaje y la facilidad que obtuvieron los muchachos al comprender lo fácil que son las matemáticas, así mismo, me ayudo a encontrar errores de los cuales ya están corregidos.

MENSAJE DEL AUTOR

Los estudiantes tienden a pensar que las matemáticas son difíciles, y al creerlo, sólo se crean una barrera y rechazo al estudio de las ciencias matemáticas. Los estudiantes están equivocados, ya que las matemáticas en realidad son fáciles y es lo primero en lo que deben creer, ya que se basan en reglas que hay que seguir, así como en la vida propia, para que la vida sea fácil y armoniosa solo tenemos que seguir las reglas de la sociedad y de la vida.

El estudiante debe razonar los problemas y no mecanizarlos, es decir, comprender el problema que se le presente, ya que al mecanizarlo se cometen muchos errores y se llega a la desesperación. Y para lograr esto, se debe practicar mucho, resolviendo muchos problemas y resolver cada dificultad que se les presente, ya que cada problema tiene alguna diferencia con el anterior y además, de ésta manera, se logra una enorme destreza para la resolución de problemas.

Con mi experiencia en la docencia y después de haber atendido a muchos grupos de ingeniería en la rama de las matemáticas como en cálculo integral, ecuaciones diferenciales, transformadas de Laplace, etc., pude observar que el mayor problema de los estudiantes es su deficiencia en el conocimiento del álgebra, en esta obra que consta de dos tomos titulada "ÁLGEBRA HAKE MATE" y con base a mi experiencia expongo los temas en un orden cronológico y de fácil entendimiento, es decir, muestro al álgebra realmente como es, fácil y entendible.

Así que, pongo en sus manos una colección donde se estudiará y practicará el álgebra como un juego, *sólo siguiendo las reglas,* practiquen tantas veces como sea necesario y al transcurso del tiempo serán expertos como cuando se practica algún deporte, un juego de mesa, un idioma, hasta cuando se aprende a caminar, es sólo cuestión de práctica y por supuesto dedicación, al final del curso del primer tomo te invito que continúes con el segundo, tu capacidad de ambición y de reto hará de ti una persona disciplinada y apta para resolver tantos desafíos que se presenten. Y lo más importante de éste juego de aprendizaje es creer en ti mismo, no te dejes vencer ni desesperar por las complicaciones de algunos problemas, repasa el tema anterior e intenta de nuevo no lo abandones y tu recompensa será notable para entender las ramas de las matemáticas.

COMO USAR ESTE LIBRO

Ésta colección es un programa de enseñanza universal, es decir, es un programa que requieren todas las escuelas públicas y particulares de todo del mundo por lo que se hace la invitación de adoptar éste método de estudio en una versión completamente entendible, sencilla de hacer y resolver; y desde luego para economizar tiempo

La colección de ÁLGEBRA HAKE MATE comprende de dos tomos, los cuales se resuelven de la misma manera que posteriormente se expondrá; es una obra diseñada bajo las necesidades del estudiante de media superior, superior e ingenierías ya que la colección cubre un programa de estudios de dichos niveles académicos, se entiende que si se estudia regularmente, se termina cada libro en un promedio de 3 meses consecutivos tomando 2 horas de clases diarias, a esto se le suman las horas complementarias de estudio y la resolución de ejercicios que depende de cada estudiante sus capacidades o tiempo que le disponga a sus estudios en el álgebra.

El libro es muy fácil de estudiar y comprender, te recomiendo que sigas el orden de los temas y no te saltes ningún tema, a menos que ya tengas conocimientos anteriores y puedas revisar el tema que te interesa, y además te recomiendo que te compres los dos tomos en que consta esta obra.

Esta obra va directo a las leyes o reglas que rigen al álgebra sin darle muchas vueltas al asunto, por lo general, se menciona la regla o definición y se da un ejemplo explicando dicha definición, al terminar de mencionar y explicar las definiciones se exponen algunos ejemplos de aplicación donde cada ejemplo contiene una diferencia que lo hace especial, pero si aplicamos bien las reglas no se tendrá ningún problema. Al terminar de explicar los ejemplos se prosigue con una serie de ejercicios los cuales se resuelven en el espacio que se proporciona en blanco, te recomiendo que uses la letra con un tamaño moderado para que alcance el espacio en tus operaciones (no te preocupes por el espacio, ya que está calculado para cada problema en específico). Además, te sugiero que al momento de resolver los ejercicios no te saltes pasos, ya que estas aprendiendo, por mi experiencia al brincar algunos pasos y realizar el ejercicio se pueden omitir o equivocar algunas reglas; en otras palabras, revisa los ejemplos y sigue la misma temática.

En cada ejercicio, la solución está a la derecha de dicho ejercicio, en algunos casos, la solución puede ser muy obvia, y te recomiendo que no la revises antes de resolver el ejercicio, ya que el único que se engaña eres tú. Mejor resuelve el ejercicio, y cuando estés seguro que ya lo terminaste y que está bien, ahora sí, revisa el resultado del ejercicio.

Para que se entienda mejor el procedimiento de solución, se usa algo parecido a los conectores que se usan en programación en los diagramas de flujo, por ejemplo, si se tiene

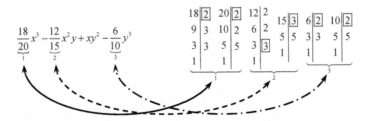

donde las flechas indican cómo se asocian los cálculos, en este caso en particular se quiere simplificar las fracciones y se ve con la flecha sólida, como el conector 1, muestra donde se obtuvo el Máximo Común Divisor del Numerador y del Denominador para lograr dicha simplificación, y lo mismo con las flechas que muestran cómo se asocian los conectores. Ahora ya puedes continuar con el aprendizaje del algebra.

Si tienes alguna duda te puedes contactar con el autor al siguiente correo electrónico: hake.mate.inc@gmail.com

ÍNDICE DEL TOMO I

ÍNDICE DEL TOMO II

1. PRELIMINARES

Álgebra: Es la rama de las matemáticas que estudia la cantidad considerada del modo más general posible. Es una generalización de la aritmética en la que se utilizan símbolos, comúnmente letras para representar números.

Notación Algebraica:

- Los *símbolos* usados en álgebra son para representar las cantidades que son los números y las letras.
- Los *números* se emplean para representar cantidades conocidas y determinadas.
- Las *letras* se emplean para representar toda clase de cantidades, ya sean conocidas o desconocidas.
- Las *cantidades CONOCIDAS* se expresan por las primeras letras del alfabeto: $a, b, c, d, \ldots$
- Las *cantidades DESCONOCIDAS* se expresan por las últimas letras del alfabeto: u, v, w, x, y, z.

OPERACIONES ALGEBRAICAS

Las operaciones de adición, sustracción, multiplicación, división, potenciación y radicación; están sujetas a ciertas restricciones llamadas *PROPIEDADES O LEYES*.

Estructura del álgebra: El álgebra tiene una estructura caracterizada por:

1. Un conjunto determinado de símbolos que representan números.
2. Un conjunto determinado de operaciones que se pueden estructurar con los símbolos, que son las seis operaciones algebraicas.
3. Las propiedades o leyes de las operaciones.

Definición fundamental: Se dice que un proceso matemático, es algebraico si contiene una o varias de las operaciones de adición, sustracción, multiplicación, división, potenciación y radicación; aplicados una o varias veces en cualquier orden a números reales cualesquiera que representan números reales.

Entonces una *expresión algebraica* se forma aplicando una o varias de las seis operaciones algebraicas para números y letras que representan números.

Ejemplo:

a) $3x^2 y + z$: Es una expresión algebraica con 3 operaciones algebraicas, son la Adición, Multiplicación y la Potenciación.

b) $6x^2 - 7x + 8$: Es una expresión algebraica con 4 operaciones algebraicas, son la Sustracción, Adición, Multiplicación y la Potenciación.

c) $2a + \dfrac{\sqrt{a}}{b}$: Es una expresión algebraica con 4 operaciones algebraicas, son la Adición, Multiplicación, División y la Radicación.

d) $\dfrac{x^2 + 2}{x^3 - 5x^2 + 7}$: Es una expresión algebraica con 5 operaciones algebraicas, son la Sustracción, Adición, Multiplicación, División y la Potenciación.

Coeficiente: En el producto de dos factores, cualquiera de los factores es llamado *COEFICIENTE DEL OTRO FACTOR*.

Ejemplo:

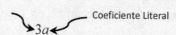

Coeficiente Numeral
o
Coeficiente $3a$ Coeficiente Literal

NOTA: Cuando una cantidad NO tiene coeficiente numérico, su coeficiente es la *UNIDAD*.

Ejemplo:

$$x^2 = 1x^2$$

$$-x^2 = -1x^2$$

Ahora considera la siguiente expresión algebraica:

$$7x^3 - x^2 + 2x - 9 = \underbrace{7x^3}_{\substack{\text{Término} \\ \text{algebraico}}} - \underbrace{x^2}_{\substack{\text{Término} \\ \text{algebraico}}} + \underbrace{2x}_{\substack{\text{Término} \\ \text{algebraico}}} - \underbrace{9}_{\substack{\text{Término} \\ \text{algebraico}}}$$

➢ Cada término algebraico está separado por las operaciones de adición y sustracción.

Grado de un término: Es la suma de los exponentes del factor literal

Ejemplo:

    En el término $3x^3$ tiene grado 3 (por el exponente de x)
    En el término $4x^2y^3$ tiene grado 5 ($2+3$, la suma de los exponentes de x y y, respectivamente)

Grado de una expresión algebraica: Es el grado mayor de sus distintos términos.

Ejemplo:

    En la expresión $3x^2 + 5y^5$ tiene grado 5 (por el grado del segundo término)
    En el término $4x^2y^3 - 4b^3y^2z^7$ tiene grado 12 (por el grado del segundo término, $3+2+7=12$
    la suma de los exponentes de b, y y z respectivamente)

Multinomio: Según el número de términos que posee una expresión algebraica se denomina MONOMIO, BINOMIO, TRINOMIO,…, MULTINOMIO.

Ejemplo:
Considera las siguientes expresiones algebraicas:

$$7x^3 \qquad\qquad\qquad \text{: Monomio}$$
$$7x^3 - x^2 \qquad\qquad \text{: Binomio}$$
$$7x^3 - x^2 + 2x \qquad \text{: Trinomio}$$
$$7x^3 - x^2 + 2x - 9 \quad \text{: Tetranomio}$$
$$\vdots \qquad\qquad\qquad \vdots$$

Polinomio: Los polinomios están formados por términos cuyos coeficientes literales contienen exclusivamente exponentes enteros positivos.

Ejemplo: Polinomio a) $x^2 + 2x - 1$ b) $x + 3$ c) $x^3 - 2x + 1$ Presencia de exponentes enteros positivos	Multinomio a) $x^{2/3} + 2x - 1$ b) $\sqrt{x} + 5$ c) $\dfrac{x}{y} + 1$ Presencia de exponentes fraccionarios

Término semejante: Los términos algebraicos que *difieren* únicamente en sus *coeficientes* se llaman TÉRMINOS SEMEJANTES.

Ejemplo: $5xy$ $-7xz$ No son términos semejantes	$5xy$ $-7xy^2$ No son términos semejantes	$5xy$ $-7xy$ Si son términos semejantes

Ecuación: Es la igualdad de dos expresiones algebraicas donde la expresión del lado *izquierdo* de la igualdad se llama PRIMER MIEMBRO y la expresión del lado derecho de la igualdad se llama SEGUNDO MIEMBRO.

Ejemplo:

$$\underbrace{\overbrace{7x^3 - x^2 + 2x - 9}^{\text{Ecuación}}}_{\text{Primer miembro}} = \underbrace{3x^3 - 4x^2 + 5x - 8}_{\text{Segundo miembro}}$$

Este tema se estudiara con más detalle en el tema 13 (Tomo II).

2. ADICIÓN

1. *Ley de la existencia:* La adición es siempre posible, siempre y cuando los números a sumar sean de la misma especie o tipo.

Ejemplo:

$$2 + 7° = \text{No se pueden sumar}$$

$$2 \text{ lb} + 27 \text{ kg} = \text{No se pueden sumar}$$

$$5 \text{ rad} + 60 \text{ rad} = \underline{65 \text{ rad}}$$

2. *Ley de la unicidad:* La adición es única.

$$a + b = c$$

Ejemplo:

$$2 + 3 = \underline{5}$$

$$\left.\begin{array}{l} 2 + 3 = -7 \\ 2 + 3 = 100 \end{array}\right\}$$ La solución es única, no se puede obtener una solución distinta.

3. *Ley conmutativa:* La adición es conmutativa.

$$a + b = b + a$$

Ejemplo:

$$2 + 5 = 5 + 2$$

$$\underline{7 = 7}$$

4. *Ley asociativa:* La adición es asociativa.

$$(a + b) + c = a + (b + c)$$

Ejemplo: Simplificar:

$$1 + 2 + 3 = 1 + 2 + 3$$

$$(1 + 2) + 3 = 1 + (2 + 3)$$

$$3 + 3 = 1 + 5$$

$$\underline{6 = 6}$$

Propiedad aditiva de la igualdad: Sean a, b y c números cualesquiera tales que $a = b$, entonces

$$a + c = b + c$$

es decir, si a números iguales se añaden números iguales resultan sumas iguales.

Ejemplo: Despejar x de la ecuación $x - 2 = 4$.

$$x - 2 = 4$$

$$\underbrace{x - 2}_{a} + \underbrace{2}_{c} = \underbrace{4}_{b} + \underbrace{2}_{c}$$

$$x + 0 = 4 + 2$$

$$x = 4 + 2$$

$$\underline{x = 6}$$

3. SUSTRACCIÓN

Las cuatro leyes anteriores son las mismas, ya que la sustracción es la operación inversa de la adición, sólo hay que tener cuidado en las leyes conmutativa y asociativa, por ejemplo en la ley conmutativa si se tiene:

$$a - b$$

No es lo mismo que

$$b - a$$

Lo correcto es

$$-b + a$$

Es decir, cada término se conmuta con su signo.

También en la ley asociativa, ya que si se tiene:

$$a - b - c$$

No es lo mismo

$$a - (+b - c)$$

Si no lo correcto es

$$a - b - c = a - (+b + c)$$

Se invierten los signos

El signo $(-)$, invierte los signos de los términos que están agrupados en el paréntesis. (ver tema IV).

Propiedad sustractiva de la igualdad: Si a, b y c son números cualesquiera tales que $a = b$, entonces

$$a - c = b - c$$

es decir, si se restan números iguales de números iguales las diferencias son iguales.

Ejemplo: Despejar x de la ecuación $x + 2 = 4$.

$$x + 2 = 4$$
$$\underbrace{x + 2}_{a} \underbrace{- 2}_{c} = \underbrace{4}_{b} \underbrace{- 2}_{c}$$
$$x + 0 = 4 - 2$$
$$x = 4 - 2$$
$$\underline{x = 2}$$

NOTA: Recuerda que, el número que está a la izquierda de otro número sobre la recta real es menor y si el número está a la derecha de otro número sobre la recta real es mayor.

Ejemplo:

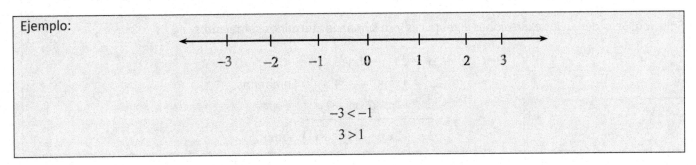

$$-3 < -1$$
$$3 > 1$$

Definición: El inverso aditivo de a es $-a$.

Ejemplo:

1. El inverso aditivo de 5 es -5.
2. El inverso aditivo de -3 es 3.

Definición: El neutro aditivo es el cero, ya que al sumarlo con otro número, no altera el valor de dicho número.

$$a + 0 = a$$

Ejemplo:

$$5 + 0 = 5$$
$$-7 + 0 = -7$$

Teorema: La suma de cualquier número con su inverso aditivo es cero:

$$a + (-a) = a - a = 0$$

Ley de los signos:

1. La adición de dos números que tienen el mismo signo, se mantiene el mismo signo y se suman los valores absolutos de dichos números.

Ejemplo:

$$
\begin{array}{r}
+7x \\
+ \;\underline{+9x} \\
+16x
\end{array}
\qquad\qquad
\begin{array}{r}
-5x \\
+ \;\underline{-2x} \\
-7x
\end{array}
$$

2. La adición de dos números que tienen distintos signos se mantiene el signo del número de mayor valor absoluto y al número de mayor valor absoluto se le resta el número de menor valor absoluto de dichos números.

Ejemplo:

$$
\begin{array}{r}
+7x \\
+ \;\underline{-9x} \\
-2x
\end{array}
\qquad\qquad
\begin{array}{r}
+5x \\
+ \;\underline{-2x} \\
+3x
\end{array}
$$

Ejemplos:
1. Calcular la suma de las siguientes expresiones algebraicas $x^3 + 2x^2y - 4xy^2$, $2x^3 - 4x^2y + 3y^3$ y $2xy^2 - 4y^3$.

Solución: Se ordenan las expresiones algebraicas y se suman los términos semejantes

$$
+\;\left.
\begin{array}{l}
x^3 + 2x^2y - 4xy^2 \\
2x^3 - 4x^2y \qquad\;\; +3y^3 \\
\qquad\qquad 2xy^2 - 4y^3
\end{array}
\right\} \text{Sumandos}
$$

$$\overline{3x^3 - 2x^2y - 2xy^2 - y^3} \Big\} \text{Suma}$$

2. Hallar la diferencia obtenida al restar $a^3 - 3a^2 + 4a - 7$ de $2a^3 + a^2 - 3a - 5$.

Solución:

$$2a^3 + \ a^2 - 3a - 5 \qquad \left.2a^3 + \ a^2 - 3a - 5\right\} \text{Minuendo}$$
$$\underline{(-)\left(\ a^3 - 3a^2 + 4a - 7\right)} \rightarrow \underline{-a^3 + 3a^2 - 4a + 7\} \text{Sustraendo}}$$
$$a^3 + 4a^2 - 7a + 2\} \text{Diferencia}$$

Ejercicios:

En cada uno de los ejercicios 1 – 5 calcular la suma de las expresiones algebraicas dadas.

1. $2a^3 - 2a^2b + 2b^3$, $3a^2b - 4ab^2 - 4b^3$, $2ab^2 - a^3$. $R: a^3 + a^2b - 2ab^2 - 2b^3$

2. $4m^2 - 3mn + 2n^2$, $6mn - 2n^2 + 5$, $3n^2 - 3 - 2m^2$. $R: 2m^2 + 3mn + 3n^2 + 2$

3. $x^2 - 4xy + 3y^2$, $2x^2 + 2xy - 2y^2$, $2xy - y^2 - x^2$. $R: 2x^2$

4. $3x^3 - 8x^2 + 9x$, $-x^3 + 3x^2 - 8$, $2x^3 - 2x^2 - 7x + 5$. $R: 4x^3 - 7x^2 + 2x - 3$

5. $c^2 + 2cd - 2d$, $3c - 3cd - 2d^2$, $c^2 + 4d - 2c + 2d^2$. $R: 2c^2 - cd + 2d + c$

En cada uno de los ejercicios 6 – 10 hallar la diferencia obtenida al restar la segunda expresión de la primera.

6. $3a - 2b + 4c - d$, $2a + b - 3c - d$.

$R : a - 3b + 7c$

7. $x^3 - 4x^2 + 2x - 5$, $-x^3 + 2x^2 - 3x - 3$.

$R : 2x^3 - 6x^2 + 5x - 2$

8. $a^3 - 3a^2b + 3ab^2 - b^3$, $a^3 - 4a^2b + 2ab^2 + b^3$.

$R : a^2b + ab^2 - 2b^3$

9. $2a + 4by - 2cy^2 + dy^3$, $2dy^3 - 2by - a + 3cy^2$.

$R : 3a + 6by - 5cy^2 - dy^3$

10. $m^4 + 6m^3 - 7m^2 + 8m - 9$, $2m^3 + 3m^2 - 4m - 3$.

$R : m^4 + 4m^3 - 10m^2 + 12m - 6$

En los ejercicios 11 – 15, $A = x^3 + 2x^2 - 3x + 1$, $B = 2x^3 - x^2 + 4x - 7$ y $C = x^3 + x^2 - 6x - 2$.

11. Calcular $A + B - C$.

$R : 2x^3 + 7x - 4$

12. Calcular $A - B + C$.

$R : 4x^2 - 13x + 6$

13. Calcular $A - B - C$.

$R : -2x^3 + 2x^2 - x + 10$

14. Calcular $B - A + C$.

$R : 2x^3 - 2x^2 + x - 10$

15. Calcular $B - A - C$.

$R : -4x^2 + 13x - 6$

16. a) Hallar el número que debe añadirse a -8 para que la suma sea igual a 15. $R:23$

   b) Encontrar el número que debe añadirse a 7 para que la suma sea igual a -3. $R:-10$

a)

b)

17. a) Hallar el número que debe restarse a 4 para que la diferencia sea 6. $R:-2$

   b) Encontrar el número que debe restarse de -11 para que la diferencia sea 4. $R:-15$

a)

b)

18. a) Hallar el número que al restarle 8 se obtenga -2. $R:6$

   b) Encontrar el número que al disminuirle -7 resulte 4. $R:-3$

a)

b)

19. Hallar la expresión que debe sumarse a $3a-2b+4c$ para obtener $2a+3b-2c$. $R:-a+5b-6c$

20. Encontrar la expresión que debe restarse de $4x + 2y - 7$ para que la diferencia sea igual a $3x - y + 5$.

$R: x + 3y - 12$

21. Encontrar la expresión que debe disminuirse en $2m - 2n + 3p$ para obtener una diferencia igual a $4m + n - 2p$.

$R: 6m - n + p$

22. El minuendo es $2a^2 + 2ab - b^2$; la diferencia es $a^2 + 3ab - 2b^2$. Hallar el sustraendo.

$R: a^2 - ab + b^2$

23. El sustraendo es $x^2 + 3x - 7$; la diferencia es $3x^2 - 3x + 4$. Encontrar el minuendo. $R : 4x^2 - 3$

24. La diferencia es $x^2 + 2xy - 3y^2$; el minuendo es $3x^2 - 2xy + y^2$. Hallar el sustraendo. $R : 2x^2 - 4xy + 4y^2$

25. La diferencia es $a^3 + 3a^2 - 2a + 5$; el sustraendo es $2a^3 - 2a^2 + a - 5$. Hallar el minuendo. $R : 3a^3 + a^2 - a$

4. SIGNOS DE AGRUPACIÓN

Los signos de agrupación o paréntesis más usados son:

$(\ )$: Paréntesis

$[\ ]$: Paréntesis rectangulares o Corchetes

$\{\ \}$: Llaves

$\langle\ \rangle$: Paréntesis triangulares

$\overline{\quad}$: Barra o Vínculo

Los signos de agrupación se emplean para indicar que las cantidades encerradas en ellos deben considerarse como un todo, o sea, *como una sola cantidad.*

Ten en cuenta que:

El signo (+) no se coloca en el primer término de la agrupación.

El signo (+) no afecta a los signos de la agrupación, o sea, no genera cambios en los términos agrupados.

$$a+\left(b-c\right)=a+\left(+b-c\right)$$
$$a+\underbrace{\left(b-c\right)}=a+\underbrace{b-c}$$

Se pasa igual

Ejemplo: Simplificar

$$x+\underbrace{\left(-2y+z\right)}=x\underbrace{-2y+z}$$

Se pasa igual

Consideremos la siguiente expresión:

El signo (+) no se coloca en el primer término de la agrupación.

El signo (-) invierte el signo de cada término que están en la agrupación.

$$a-\left(b-c\right)=a-\left(+b-c\right)$$
$$a-\underbrace{\left(b-c\right)}=a\underbrace{-b+c}$$

Se pasa invirtiendo el signo de cada término, por causa del signo (-) que precede a la agrupación.

El paréntesis rectangular $[\ ]$, las llaves $\{\ \}$, los paréntesis triangulares $\langle\ \rangle$ y la barra o vínculo $\overline{\quad}$, tienen el mismo significado que el paréntesis ordinario $(\ )$ y se suprimen.

Se usan estos signos que tienen distinta forma pero de igual significado, para que se tenga una mayor claridad en los casos en que una expresión que ya tiene uno o más signos de agrupación dentro de otro signo de agrupación.

Ejemplo:

$$a^{2}\left[a-\left(b-c\right)\right]$$

I. Simplificación de expresiones con signos de agrupación:

Los signos de agrupación se suprimen con las reglas anteriores; si los signos no están anidadas (uno dentro de otro) se pueden suprimir al mismo tiempo, en el caso que estén anidadas se suprimen desde adentro hacia afuera y una vez suprimidos los signos de agrupación se suman los términos semejantes si es que los hay (simplificar).

Ejemplos:

1. Simplificar la expresión $a+(b-c)+2a-(a+b)$.

Solución:

$$a+(b-c)+2a-(a+b)$$
$$=a+b-c+2a-a-b$$
$$=\underline{2a-c|}$$

2. Simplificar la expresión $5x+(-x-y)-[-y+4x]+\{x-6\}$.

Solución:

$$5x+(-x-y)-[-y+4x]+\{x-6\}$$
$$=5x-x-y+y-4x+x-6$$
$$=\underline{x-6|}$$

3. Simplificar la expresión $m+\overline{4n-6}+3m-\overline{n+2m-1}$.

Solución:

$$m+\overline{4n-6}+3m-\overline{n+2m-1}$$
$$=m+4n-6+3m-n-2m+1$$
$$=\underline{2m+3n-5|}$$

4. Simplificar la expresión $3a+\left\{-5x-\left[-a+\left(9x-\overline{a+x}\right)\right]\right\}$.

Solución:

$$3a+\left\{-5x-\left[-a+\left(9x-\overline{a+x}\right)\right]\right\}$$
$$=3a+\left\{-5x-\left[-a+\left(9x-a-x\right)\right]\right\}$$
$$=3a+\left\{-5x-\left[-a+9x-a-x\right]\right\}$$
$$=3a+\left\{-5x+a-9x+a+x\right\}$$
$$=3a-5x+a-9x+a+x$$
$$=\underline{5a-13x|}$$

5. Simplificar la expresión $-\left[-3a-\left\{b+\left[-a+(2a-b)-(-a+b)\right]+3b\right\}+4a\right]$.

Solución:

$$-\left[-3a-\left\{b+\left[-a+(2a-b)-(-a+b)\right]+3b\right\}+4a\right]$$

$$=-\left[-3a-\left\{b+\left[-a+2a-b+a-b\right]+3b\right\}+4a\right]$$

$$=-\left[-3a-\left\{b-a+2a-b+a-b+3b\right\}+4a\right]$$

$$=-\left[-3a-b+a-2a+b-a+b-3b+4a\right]$$

$$=3a+b-a+2a-b+a-b+3b-4a$$

$$=\underline{a+2b}$$

Ejercicios:

Simplifica las siguientes expresiones:

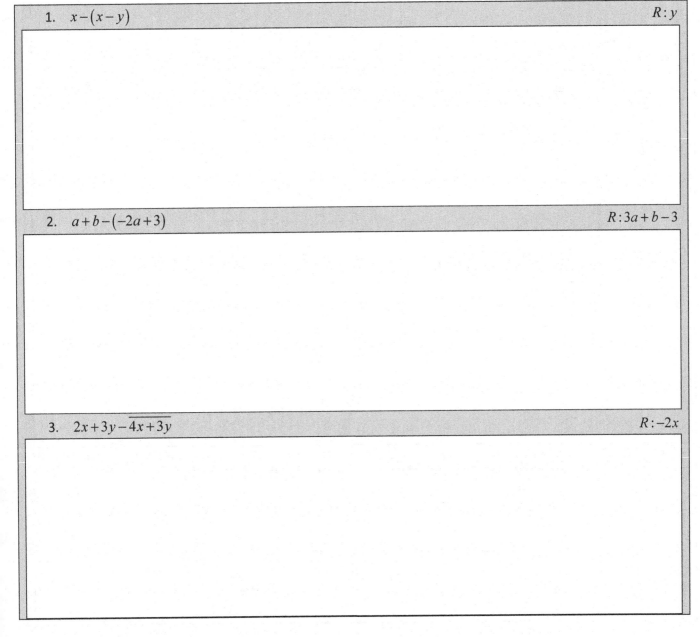

1. $x-(x-y)$ $R:y$

2. $a+b-(-2a+3)$ $R:3a+b-3$

3. $2x+3y-\overline{4x+3y}$ $R:-2x$

4. $a^2 + \left[-b^2 + 2a^2\right] - \left[a^2 - b^2\right]$ $R: 2a^2$

5. $x^2 + y^2 - \left(x^2 + 2xy + y^2\right) + \left[-x^2 + y^2\right]$ $R: -x^2 - 2xy + y^2$

6. $x + y + \overline{x - y + z} - \overline{x + y - z}$ $R: x - y + 2z$

7. $-\left(x^2 - y^2\right) + xy + \left(-2x^2 + 3xy\right) - \left[-y^2 + xy\right]$ $R: -3x^2 + 3xy + 2y^2$

8. $-(a + b) + (-a - b) - (-b + a) + (3a + b)$ $R: 0$

9. $2a + \left[a - \left(a + b \right) \right]$ $R : 2a - b$

10. $2m - \left[\left(m - n \right) - \left(m + n \right) \right]$ $R : 2m + 2n$

11. $a + \left\{ \left(-2a + b \right) - \left(-a + b - c \right) + a \right\}$ $R : a + c$

12. $2x + \left[-5x - \left(-2y + \left\{ -x + y \right\} \right) \right]$ $R : -2x + y$

13. $-(a+b)+\left[-3a+b-\{-2a+b-(a-b)\}+2a\right]$ $R: a-2b$

14. $-(-a+b)+\left[-(a+b)-(-2a+3b)+(-b+a-b)\right]$ $R: 3a-7b$

15. $2a-(-4a+b)-\left\{-\left[-4a+(b-a)-(-b+a)\right]\right\}$ $R: b$

16. $6c-\left[-(2a+c)+\left\{-(a+c)-2a-\overline{a+c}\right\}+2c\right]$ $R: 6a+7c$

17. $2a+\left\{-\left[5b+(3a-c)+2-\left(-a+b-\overline{c+4}\right)\right]-(-a+b)\right\}$ $R:-a-5b-6$

18. $-\left[-(-a)\right]-\left[+(-a)\right]+\left\{-\left[-b+c\right]-\left[+(-c)\right]\right\}$ $R:b$

19. $-\left\{-\left[-(a+b-c)\right]\right\}-\left\{+\left[-(c-a+b)\right]\right\}+\left[-\left\{-a+(-b)\right\}\right]$ $R:-a+b+2c$

20. $-\left[x+\left\{-(x+y)-\left[-x+(y-z)-(-x+y)\right]-y\right\}\right]$ $R:2y-z$

II. Introducción de signos de agrupación:

Cuando necesitemos agrupar términos o expresiones, es necesario introducirlos en signos de agrupación, y las reglas que se utilizaron para quitarlos o desagrupar se aplican de la misma manera, si al signo de agrupación le anteponemos un signo $(+)$, los signos de los términos agrupados no cambian, mientras si se le antepone un signo $(-)$, los signos de los términos agrupados se invierten.

Ejemplos:

1. Introducir los tres últimos términos de la expresión $x^3 - 2x^2 + 3x - 4$ en un paréntesis precedido del signo $(+)$.

$$x^3 - 2x^2 + 3x - 4 = x^3 + \left(-2x^2 + 3x - 4\right)$$

2. Introducir los últimos tres términos de la expresión $x^2 - a^2 + 2ab - b^2$ en un paréntesis precedido del signo $(-)$.

$$x^2 - a^2 + 2ab - b^2 = x^2 - \left(a^2 - 2ab + b^2\right)$$

3. Introducir todos los términos menos el primero, de la expresión $3a + 2b - (a+b) - (-2a + 3b)$ en un paréntesis precedido del signo $(-)$.

$$3a + 2b - (a+b) - (-2a + 3b) = 3a - \left[-2b + (a+b) + (-2a + 3b)\right]$$

Observa que en los términos o las expresiones agrupadas se mantiene o invierte solo el signo que los precede.

Ejercicios:

En los ejercicios del 1 al 5, introducir los tres últimos términos de las expresiones siguientes dentro de un paréntesis precedido del signo $(+)$.

1. $a - b + c - d$ $R: a + (-b + c - d)$

2. $x^2 - 3xy - y^2 + 6$ $R: x^2 + \left(-3xy - y^2 + 6\right)$

3. $x^3 + 4x^2 - 3x + 1$ $R: x^3 + \left(4x^2 - 3x + 1\right)$

4. $a^3 - 5a^2b + 3ab^2 - b^3$ $R: a^3 + \left(-5a^2b + 3ab^2 - b^3\right)$

5. $x^4 - x^3 + 2x^2 - 2x + 1$ $R: x^4 - x^3 + \left(2x^2 - 2x + 1\right)$

En los ejercicios del 6 al 10, introducir los tres últimos términos de las expresiones siguientes dentro de un paréntesis precedido del signo $(-)$.

6. $2a + b - c + d$ $R: 2a - \left(-b + c - d\right)$

7. $x^3 + x^2 + 3x - 4$ $R: x^3 - \left(-x^2 - 3x + 4\right)$

8. $x^3 - 5x^2y + 3xy^2 - y^3$ $R: x^3 - \left(5x^2y - 3xy^2 + y^3\right)$

9. $a^2 - x^2 - 2xy - y^2$ $R: a^2 - \left(x^2 + 2xy + y^2\right)$

10. $a^2 + b^2 - 2bc - c^2$ $R: a^2 - \left(-b^2 + 2bc + c^2\right)$

En los ejercicios del 11 al 15, introducir todos los términos, menos el primero, de las expresiones siguientes en un paréntesis precedido del signo $(-)$.

11. $x + 2y + (x - y)$ $R: x - \left[-2y - (x - y)\right]$

12. $4m - 2n + 3 - (-m + n) + (2m - n)$ $R: 4m - \left[2n - 3 + (-m + n) - (2m - n)\right]$

13. $x^2 - 3xy + \left[\left(x^2 - xy\right) + y^2\right]$ $R: x^2 - \left\{3xy - \left[\left(x^2 - xy\right) + y^2\right]\right\}$

14. $x^3 - 3x^2 + \left[-4x + 2\right] - 3x - (2x + 3)$ $R: x^3 - \left\{3x^2 - \left[-4x + 2\right] + 3x + (2x + 3)\right\}$

15. $2a + 3b - \left\{-2a + \left[a + (b - a)\right]\right\}$ $R: 2a - \left[-3b + \left\{-2a + \left[a + (b - a)\right]\right\}\right]$

En los problemas del 16 al 19, introducir las expresiones siguientes en un paréntesis precedido del signo $(-)$.

16. $-2a+(-3a+b)$ $R:-\left[2a-(-3a+b)\right]$

17. $2x^2+3xy-\left(y^2+xy\right)+\left(-x^2+y^2\right)$ $R:-\left[-2x^2-3xy+\left(y^2+xy\right)-\left(-x^2+y^2\right)\right]$

18. $x^3-\left[-3x^2+4x-2\right]$ $R:-\left\{-x^3+\left[-3x^2+4x-2\right]\right\}$

19. $\left[m^4-\left(3m^2+2m+3\right)\right]+(-2m+3)$ $R:-\left\{-\left[m^4-\left(3m^2+2m+3\right)\right]-(-2m+3)\right\}$

5. MULTIPLICACIÓN

1. *Ley de la existencia:* La multiplicación es siempre posible, siempre y cuando los números sean del mismo tipo (es decir, que estén en el mismo sistema métrico).

Ejemplo:

$$\left.\begin{array}{l} (5°)(3\ m) = \\[4pt] (7\ lb)(2\ kg) = \end{array}\right\} \text{No se pueden multiplicar ya que no son del mismo tipo}$$

$$(2\ rad)(3\ rad) = 6\ rad^2$$

2. *Ley de la unicidad:* La multiplicación es única

$$ab = c$$

Donde:

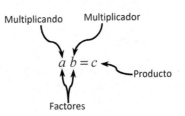

Ejemplo:

$$(2)(3) = 6$$

$$\left.\begin{array}{l} (2)(3) = 10 \\[4pt] (2)(3) = -20 \end{array}\right\} \text{La solución es única, no se puede obtener otra solución distinta.}$$

3. *Ley conmutativa:* La multiplicación es conmutativa,

$$ab = ba$$

es decir, el producto de dos o más números es independiente del orden en que se efectúe la multiplicación.

Ejemplo:

$$(2)(3) = (3)(2)$$
$$\underline{6 = 6|}$$

4. *Ley asociativa:* La multiplicación es asociativa

$$(ab)c = a(bc)$$

Ejemplo:

$$(1)(2)(3) = (1)(2)(3)$$
$$[(1)(2)](3) = (1)[(2)(3)]$$
$$(2)(3) = (1)(6)$$
$$\underline{6 = 6|}$$

5. *Propiedad multiplicativa de la igualdad:* Si a, b y c son números cualesquiera tales que $a = b$ entonces

$$ac = bc$$

es decir, al multiplicar por números iguales, los productos resultan iguales.

Ejemplo: Despejar la incógnita x.

$$\frac{x}{2} = 4$$

$$\underbrace{\left(\frac{x}{2}\right)}_{a}\underbrace{(2)}_{c} = \underbrace{(4)}_{b}\underbrace{(2)}_{c}$$

$$\frac{2x}{2} = 8$$

$$1x = 8$$

$$\underline{x = 8}$$

Propiedad distributiva: La multiplicación es distributiva con respecto a la adición:

$$a(b+c) = ab + ac$$

Ejemplo:

$$3(7+2) = (3)(7)+(3)(2)$$
$$3(9) = 21 + 6$$
$$\underline{27 = 27}$$

Propiedad distributiva: La multiplicación es distributiva con respecto a la sustracción:

$$a(b-c) = ab - ac$$

Ejemplo:

$$3(7-2) = (3)(7)-(3)(2)$$
$$3(5) = 21 - 6$$
$$\underline{15 = 15}$$

Teorema: El producto de cualquier número multiplicado por cero es igual a cero.

$$a \cdot 0 = 0$$

Teorema: Si el producto de dos números es igual a cero, entonces, por lo menos uno de los factores es igual a cero.

$$ab = 0$$

$$\text{Donde: } \begin{cases} a = 0 \\ \text{o} \\ b = 0 \end{cases}$$

Corolario: Si el producto de dos o más factores es igual a cero, entonces por lo menos uno de los factores es igual a cero.

Ejemplo: Encontrar las raíces de la ecuación $(x-1)(x+2)=0$.

$$\underbrace{(x-1)}_{a}\underbrace{(x+2)}_{b}=0 \Rightarrow \begin{cases} a=x-1=0 \rightarrow \underline{x=1} \\ \text{o} \\ b=x+2=0 \rightarrow \underline{x=-2} \end{cases}$$

Ley de los signos de la multiplicación:

1. El producto de dos números con el mismo signo es positivo.

$$(+)(+)=(+)$$
$$(-)(-)=(+)$$

2. El producto de dos números con diferentes signos es negativo.

$$(+)(-)=(-)$$
$$(-)(+)=(-)$$

Ley de los exponentes:

1. $a^m a^n = a^{m+n}$

2. $\left(a^m\right)^n = \left(a^n\right)^m = a^{mn}$

3. $(ab)^n = a^n b^n$

En los siguientes ejemplos se detalla el uso de las leyes y propiedades de la multiplicación ya estudiadas, y se dan ejemplos de la multiplicación de un monomio por monomio, monomio por polinomio y polinomio por polinomio respectivamente.

Ejemplos:
1. Calcular los productos indicados:

a. $\left(2a^2 b\right)\left(-3ab^2\right)$

$$\left(2a^2 b\right)\left(-3ab^2\right)=(2)(-3)\left(a^2\right)(a)(b)\left(b^2\right)$$
$$=-6a^{2+1}b^{1+2}$$
$$=\underline{-6a^3 b^3}$$

b. $\left(-4xy^2 z\right)\left(-2x^2 yz\right)\left(xyz^2\right)$

$$\left[\left(-4xy^2 z\right)\left(-2x^2 yz\right)\right]\left(xyz^2\right)=\left[(-4)(-2)(x)\left(x^2\right)\left(y^2\right)(y)(z)(z)\right]\left(xyz^2\right)$$
$$=\left(8x^{1+2}y^{2+1}z^{1+1}\right)\left(xyz^2\right)$$
$$=(8)(1)\left(x^{1+2}\right)(x)\left(y^{2+1}\right)(y)\left(z^{1+1}\right)\left(z^2\right)$$
$$=8x^{1+2+1}y^{2+1+1}z^{1+1+2}$$
$$=\underline{8x^4 y^4 z^4}$$

c. $\left(-3m^2n^3\right)^2$

$$\left(-3m^2n^3\right)^2 = (-3)^2\left(m^2\right)^2\left(n^3\right)^2$$
$$= 9m^{(2)(2)}n^{(3)(2)}$$
$$= \underline{9m^4n^6}$$

d. $\left(-2p^2q\right)^3$

$$\left(-2p^2q\right)^3 = (-2)^3\left(p^2\right)^3(q)^3$$
$$= -8p^{(2)(3)}q^{(1)(3)}$$
$$= \underline{-8p^6q^3}$$

2. Efectuar el producto $a^2b\left(2ax - 3by - 2ab^2\right)$.

$$a^2b\left(2ax - 3by - 2ab^2\right) = \left(a^2b\right)(2ax) - \left(a^2b\right)(3by) - \left(a^2b\right)\left(2ab^2\right)$$
$$= (1)(2)\left(a^2\right)(a)(b)(x) - (1)(3)\left(a^2\right)(b)(b)(y) - (1)(2)\left(a^2\right)(a)(b)\left(b^2\right)$$
$$= 2a^{2+1}bx - 3a^2b^{1+1}y - 2a^{2+1}b^{1+2}$$
$$= \underline{2a^3bx - 3a^2b^2y - 2a^3b^3}$$

3. Multiplicar $x^2 + xy - 2y^2$ por $3y^2 - 2xy + x^2$.

$$\left(x^2 + xy - 2y^2\right)\left(3y^2 - 2xy + x^2\right) = \left(x^2 + xy - 2y^2\right)\left(3y^2\right) + \left(x^2 + xy - 2y^2\right)(-2xy) + \left(x^2 + xy - 2y^2\right)\left(x^2\right)$$

En este caso, la multiplicación se hace tediosa, entonces mostraremos una alternativa que facilita la multiplicación, pero antes se tienen que ordenar los términos de preferencia de mayor grado a menor grado. Ahora se muestra el procedimiento:

$$
\begin{array}{l}
x^2 + xy - 2y^2 \\
\underline{x^2 - 2xy + 3y^2} \\
x^4 + x^3y - 2x^2y^2 \\
\quad -2x^3y - 2x^2y^2 + 4xy^3 \\
\qquad\qquad 3x^2y^2 + 3xy^3 - 6y^4 \\
\underline{} \\
x^4 - x^3y\ \ -x^2y^2 + 7xy^3 - 6y^4
\end{array}
$$

1. Se colocan los polinomios uno debajo del otro, no importa cual coloque primero.

2. Se distribuye el primer término del multiplicador con el multiplicando.

3. Después se distribuye el segundo término del multiplicador con el multiplicando y se colocan los términos semejantes en la misma columna si es que los hay.

4. Se repite el proceso hasta que cada término del multiplicador se halla distribuido por cada término del multiplicando.

5. Por último se suman las columnas de los términos semejantes.

Ejercicios:

En cada uno de los ejercicios 1 – 15 hallar el producto indicado.

1. $\left(8a^2b\right)\left(-2ab^2\right)$ $R: -16a^3b^3$

2. $\left(-ab^2c\right)\left(3a^2bc\right)\left(2abc^2\right)$ $\hspace{4cm}$ $R:-6a^4b^4c^4$

3. $xy^2\left(x^2-2y+4\right)$ $\hspace{4cm}$ $R:x^3y^2-2xy^3+4xy^2$

4. $\left(2x^2-5y\right)\left(4x+2y^2\right)$ $\hspace{2cm}$ $R:8x^3-20xy+4x^2y^2-10y^3$

5. $\left(a^2+2ab-2b^2\right)\left(3a-7b\right)$ $\hspace{2cm}$ $R:3a^3-a^2b-20ab^2+14b^3$

6. $\left(x^2 - 3xy + y^2\right)\left(2x - 3y + 2\right)$

$R: 2x^3 - 9x^2y + 11xy^2 - 3y^3 + 2x^2 - 6xy + 2y^2$

7. $\left(a^2 - 2ab + 4b^2\right)\left(a + 2b\right)$

$R: a^3 + 8b^3$

8. $\left(x^2 + y^2 + z^2 - xy - xz - yz\right)\left(x + y + z\right)$

$R: x^3 - 3xyz + y^3 + z^3$

9. $\left(m^3 - m^2 + m - 1\right)\left(-m^3 + m^2 - m + 1\right)$ $R: -m^6 + 2m^5 - 3m^4 + 4m^3 - 3m^2 + 2m - 1$

10. $\left(2 + 3x^2 + x^3\right)\left(x^2 - 1 + 4x\right)$ $R: x^5 + 7x^4 + 11x^3 - x^2 + 8x - 2$

11. $\left(x + a\right)\left(y + a\right)\left(z + a\right)$ $R: xyz + ayz + axz + a^2 z + axy + a^2 y + a^2 x + a^3$

12. $\left(x^2 - x - 1\right)^2 \left(x^2 + x + 1\right)$ $R: x^6 - x^5 - 2x^4 - x^3 + 2x^2 + 3x + 1$

13. $\left(a^4 + a^3 b + a^2 b^2 + ab^3 + b^4\right)\left(a - b\right)$ $R: a^5 - b^5$

14. $\left(a^2 - ab + b^2 + a + b + 1\right)\left(a + b - 1\right)$ $R: a^3 + 3ab + b^3 - 1$

15. $\left(a^2 - a + 1\right)\left(a^4 - a^2 + 1\right)\left(a^2 + a + 1\right)$ $R: a^8 + a^4 + 1$

---

6. PRODUCTOS NOTABLES

Se llaman *productos notables* a ciertos productos que cumplen reglas fijas y cuyo resultado puede ser escrito por simple inspección, es decir, sin verificar la multiplicación.

A continuación se explicarán y se deducirán algunas de las fórmulas de productos notables que son útiles en diversos problemas de multiplicación y factorización.

Se exponen las fórmulas de mayor uso, se recomienda que memorices estas fórmulas, las cuales pueden establecerse por multiplicación directa.

Binomio al cuadrado:

$$1. \quad (a+b)^2 = a^2 + 2ab + b^2$$

$$2. \quad (a-b)^2 = a^2 - 2ab + b^2$$

La primera fórmula se obtiene de la siguiente manera:

$$(a+b)^2 = (a+b)(a+b)$$

$$
\begin{array}{r}
a+b \\
a+b \\
\hline
a^2 + ab \\
+ ab + b^2 \\
\hline
a^2 + 2ab + b^2
\end{array}
$$

La segunda fórmula se obtiene de la siguiente manera:

$$(a-b)^2 = (a-b)(a-b)$$

$$
\begin{array}{r}
a-b \\
a-b \\
\hline
a^2 - ab \\
- ab + b^2 \\
\hline
a^2 - 2ab + b^2
\end{array}
$$

Donde $(a \pm b)^2$ se llama *binomio al cuadrado* y $a^2 \pm 2ab + b^2$ se llama *trinomio que es un cuadrado perfecto*.

Las demás fórmulas de productos notables se obtienen de la misma manera y se omitirán sus deducciones.

Ejemplos:

1. Desarrollar $(x+4)^2$.

$$(x+4)^2 = \left(\underset{a}{x} + \underset{b}{4} \right)^2 = a^2 + 2ab + b^2 = (x)^2 + 2(x)(4) + (4)^2 = \underline{x^2 + 8x + 16}$$

2. Efectuar $\left(4a+5b^2\right)^2$.

$$\left(4a+5b^2\right)^2=\left(4a\right)^2+2\left(4a\right)\left(5b^2\right)+\left(5b^2\right)^2$$
$$=\underline{16a^2+40ab^2+25b^4}$$

3. Desarrollar $\left(3a^2+5x^3\right)^2$.

$$\left(3a^2+5x^3\right)^2=\left(3a^2\right)^2+2\left(3a^2\right)\left(5x^3\right)+\left(5x^3\right)^2$$
$$=\underline{9a^4+30a^2x^3+25x^6}$$

4. Efectuar $\left(7ax^4+9y^5\right)\left(7ax^4+9y^5\right)$.

$$\left(7ax^4+9y^5\right)\left(7ax^4+9y^5\right)=\left(7ax^4+9y^5\right)^2=\left(7ax^4\right)^2+2\left(7ax^4\right)\left(9y^5\right)+\left(9y^5\right)^2=\underline{49a^2x^8+126ax^4y^5+81y^{10}}$$

5. Desarrollar $\left(x-5\right)^2$.

$$\left(x-5\right)^2=\left(\underset{a}{\underbrace{x}}-\underset{b}{\underbrace{5}}\right)^2=a^2-2ab+b^2=\left(x\right)^2-2\left(x\right)\left(5\right)+\left(5\right)^2$$
$$=\underline{x^2-10x+25}$$

6. Efectuar $\left(4a^2-3b^3\right)^2$.

$$\left(4a^2-3b^3\right)^2=\left(4a^2\right)^2-2\left(4a^2\right)\left(3b^3\right)+\left(3b^3\right)^2$$
$$=\underline{16a^4-24a^2b^3+9b^6}$$

Ejercicios:

Escribir por simple inspección, el resultado de

1. $\left(m+3\right)^2$	$R:m^2+6m+9$

2. $\left(5+x\right)^2$	$R:25+10x+x^2$

3. $\left(6a+b\right)^2$	$R:36a^2+12ab+b^2$

4. $(9+4m)^2$ $\hspace{4cm}$ $R:81+72m+16m^2$

5. $(7x+11)^2$ $\hspace{4cm}$ $R:49x^2+154x+121$

6. $(x+y)^2$ $\hspace{4cm}$ $R:x^2+2xy+y^2$

7. $(1+3x^2)^2$ $\hspace{4cm}$ $R:1+6x^2+9x^4$

8. $(2x+3y)^2$ $\hspace{4cm}$ $R:4x^2+12xy+9y^2$

9. $(a^2x+by^2)^2$ $\hspace{3cm}$ $R:a^4x^2+2a^2bxy^2+b^2y^4$

10. $\left(3a^3 + 8b^4\right)^2$

$R: 9a^6 + 48a^3b^4 + 64b^8$

11. $\left(4m^5 + 5n^6\right)^2$

$R: 16m^{10} + 40m^5n^6 + 25n^{12}$

12. $\left(7a^2b^3 + 5x^4\right)^2$

$R: 49a^4b^6 + 70a^2b^3x^4 + 25x^8$

13. $\left(4ab^2 + 5xy^3\right)^2$

$R: 16a^2b^4 + 40ab^2xy^3 + 25x^2y^6$

14. $\left(8x^2y + 9m^3\right)^2$

$R: 64x^4y^2 + 144x^2ym^3 + 81m^6$

15. $\left(x^{10} + 10y^{12}\right)^2$

$R: x^{20} + 20x^{10}y^{12} + 100y^{24}$

16. $\left(a^{m}+a^{n}\right)^{2}$

$R: a^{2m}+2a^{m+n}+a^{2n}$

17. $\left(a^{x}+b^{x+1}\right)^{2}$

$R: a^{2x}+2a^{x}b^{x+1}+b^{2x+2}$

18. $\left(x^{a+1}+y^{x-2}\right)^{2}$

$R: x^{2a+2}+2x^{a+1}y^{x-2}+y^{2x-4}$

19. $\left(a-3\right)^{2}$

$R: a^{2}-6a+9$

20. $\left(x-7\right)^{2}$

$R: x^{2}-14x+49$

21. $\left(9-a\right)^{2}$

$R: 81-18a+a^{2}$

22. $(2a-3b)^2$

$R: 4a^2 - 12ab + 9b^2$

23. $(4ax-1)^2$

$R: 16a^2x^2 - 8ax + 1$

24. $(a^3 - b^3)^2$

$R: a^6 - 2a^3b^3 + b^6$

25. $(3a^4 - 5b^2)^2$

$R: 9a^8 - 30a^4b^2 + 25b^4$

26. $(x^2 - 1)^2$

$R: x^4 - 2x^2 + 1$

27. $(x^5 - 3ay^2)^2$

$R: x^{10} - 6ax^5y^2 + 9a^2y^4$

28. $\left(a^7 - b^7\right)^2$

$R: a^{14} - 2a^7 b^7 + b^{14}$

29. $\left(2m - 3n\right)^2$

$R: 4m^2 - 12mn + 9n^2$

30. $\left(10x^3 - 9xy^5\right)^2$

$R: 100x^6 - 180x^4 y^5 + 81x^2 y^{10}$

31. $\left(x^m - y^n\right)^2$

$R: x^{2m} - 2x^m y^n + y^{2n}$

32. $\left(a^{x-2} - 5\right)^2$

$R: a^{2x-4} - 10a^{x-2} + 25$

33. $\left(x^{a+1} - 3x^{a-2}\right)^2$

$R: x^{2a+2} - 6x^{2a-1} + 9x^{2a-4}$

Binomios conjugados:

$$3. \quad (a+b)(a-b)=a^2-b^2$$

Donde $(a+b)(a-b)$ se llama *binomios conjugados*, ya que sólo difieren del signo en el segundo término, y a^2-b^2 se llama *diferencia de cuadrados*.

Ejemplos:

1. Efectuar $(a+x)(a-x)$.

$$(a+x)(a-x)=(a)^2-(x)^2=\underline{a^2-x^2}$$

2. Desarrollar $(2a+3b)(2a-3b)$.

$$(2a+3b)(2a-3b)=(2a)^2-(3b)^2=\underline{4a^2-9b^2}$$

3. Efectuar $(5a^{n+1}+3a^m)(5a^{n+1}-3a^m)$.

$$(5a^{n+1}+3a^m)(5a^{n+1}-3a^m)=(5a^{n+1})^2-(3a^m)^2=25a^{2(n+1)}-9a^{2m}=\underline{25a^{2n+2}-9a^{2m}}$$

4. Desarrollar $(a+b+c)(a+b-c)$.

$$(a+b+c)(a+b-c)=\left[(a+b)+c\right]\left[(a+b)-c\right]=(a+b)^2-(c)^2=(a)^2+2(a)(b)+(b)^2-c^2=\underline{a^2+2ab+b^2-c^2}$$

5. Efectuar $(a+b+c)(a-b-c)$.

$$(a+b+c)(a-b-c)=\left[a+(b+c)\right]\left[a-(b+c)\right]=(a)^2-(b+c)^2=a^2-\left[(b)^2+2(b)(c)+(c)^2\right]$$
$$=a^2-(b^2+2bc+c^2)=\underline{a^2-b^2-2bc-c^2}$$

6. Desarrollar $(2x+3y-4z)(2x-3y+4z)$.

$$(2x+3y-4z)(2x-3y+4z)=\left[2x+(3y-4z)\right]\left[2x-(3y-4z)\right]=(2x)^2-(3y-4z)^2$$
$$=4x^2-\left[(3y)^2-2(3y)(4z)+(4z)^2\right]=4x^2-(9y^2-24yz+16z^2)$$
$$=\underline{4x^2-9y^2+24yz-16z^2}$$

7. Efectuar $(a-b+c)(a+b+c)$.

$$(a-b+c)(a+b+c)=(a+c-b)(a+c+b)=\left[(a+c)-b\right]\left[(a+c)+b\right]=(a+c)^2-(b)^2$$
$$=(a)^2+2(a)(c)+(c)^2-b^2=\underline{a^2+2ac+c^2-b^2}$$

Ejercicios:

Escribir por simple inspección, el resultado de

1. $(x+y)(x-y)$ $R: x^2 - y^2$

2. $(m-n)(m+n)$ $R: m^2 - n^2$

3. $(a-x)(x+a)$ $R: a^2 - x^2$

4. $(x^2 + a^2)(x^2 - a^2)$ $R: x^4 - a^4$

5. $(2a-1)(1+2a)$ $R: 4a^2 - 1$

6. $(n-1)(n+1)$ $R: n^2 - 1$

7. $(1-3ax)(3ax+1)$ $R: 1 - 9a^2 x^2$

8. $(2m+9)(2m-9)$

$R:4m^2-81$

9. $(a^3-b^2)(a^3+b^2)$

$R:a^6-b^4$

10. $(y^2-3y)(y^2+3y)$

$R:y^4-9y^2$

11. $(1-8xy)(8xy+1)$

$R:1-64x^2y^2$

12. $(6x^2-m^2x)(6x^2+m^2x)$

$R:36x^4-m^4x^2$

13. $(a^m+b^n)(a^m-b^n)$

$R:a^{2m}-b^{2n}$

14. $(3x^a-5y^m)(5y^m+3x^a)$

$R:9x^{2a}-25y^{2m}$

15. $\left(a^{x+1} - 2b^{x-1}\right)\left(2b^{x-1} + a^{x+1}\right)$ $R: a^{2x+2} - 4b^{2x-2}$

16. $(x+y+z)(x+y-z)$ $R: x^2 + 2xy + y^2 - z^2$

17. $(x-y+z)(x+y-z)$ $R: x^2 - y^2 + 2yz - z^2$

18. $(x+y+z)(x-y-z)$ $R: x^2 - y^2 - 2yz - z^2$

19. $(m+n+1)(m+n-1)$ $R: m^2 + 2mn + n^2 - 1$

20. $(m-n-1)(m-n+1)$ $R: m^2 - 2mn + n^2 - 1$

21. $(x+y-2)(x-y+2)$ $R: x^2 - y^2 + 4y - 4$

22. $(n^2+2n+1)(n^2-2n-1)$ $R: n^4 - 4n^2 - 4n - 1$

23. $(a^2-2a+3)(a^2+2a+3)$ $R: a^4 + 2a^2 + 9$

24. $\left(m^2 - m - 1\right)\left(m^2 + m - 1\right)$ $R: m^4 - 3m^2 + 1$

25. $\left(2a - b - c\right)\left(2a - b + c\right)$ $R: 4a^2 - 4ab + b^2 - c^2$

26. $\left(2x + y - z\right)\left(2x - y + z\right)$ $R: 4x^2 - y^2 + 2yz - z^2$

27. $\left(x^2 - 5x + 6\right)\left(x^2 + 5x - 6\right)$ $R: x^4 - 25x^2 + 60x - 36$

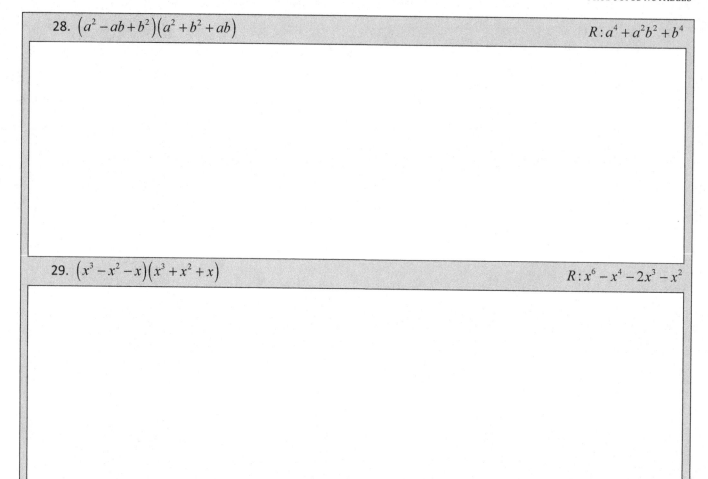

28. $\left(a^2 - ab + b^2\right)\left(a^2 + b^2 + ab\right)$

$R: a^4 + a^2b^2 + b^4$

29. $\left(x^3 - x^2 - x\right)\left(x^3 + x^2 + x\right)$

$R: x^6 - x^4 - 2x^3 - x^2$

Cubo de un binomio:

4. $\quad \left(a + b\right)^3 = a^3 + 3a^2b + 3ab^2 + b^3$

5. $\quad \left(a - b\right)^3 = a^3 - 3a^2b + 3ab^2 - b^3$

Donde $\left(a \pm b\right)^3$ se llama *binomio al cubo* y $a^3 \pm 3a^2b + 3ab^2 \pm b^3$ se llama *tetranomio que es un cubo perfecto*.

Ejemplos:

1. Desarrollar $\left(a + 1\right)^3$.

$$\left(a + 1\right)^3 = \left(a\right)^3 + 3\left(a\right)^2\left(1\right) + 3\left(a\right)\left(1\right)^2 + \left(1\right)^3 = a^3 + 3\left(a^2\right)\left(1\right) + 3\left(a\right)\left(1\right) + 1 = \underline{a^3 + 3a^2 + 3a + 1}$$

2. Efectuar $\left(x - 2\right)^3$.

$$\left(x - 2\right)^3 = \left(x\right)^3 - 3\left(x\right)^2\left(2\right) + 3\left(x\right)\left(2\right)^2 - \left(2\right)^3 = x^3 - 3\left(x^2\right)\left(2\right) + 3\left(x\right)\left(4\right) - 8 = \underline{x^3 - 6x^2 + 12x - 8}$$

3. Desarrollar $(4x+5)^3$.

$$(4x+5)^3 = (4x)^3 + 3(4x)^2(5) + 3(4x)(5)^2 + (5)^3 = 64x^3 + 3(16x^2)(5) + 3(4x)(25) + 125$$
$$= 64x^3 + 240x^2 + 300x + 125$$

4. Efectuar $(x^2 - 3y)^3$.

$$(x^2 - 3y)^3 = (x^2)^3 - 3(x^2)^2(3y) + 3(x^2)(3y)^2 - (3y)^3 = x^6 - 3(x^4)(3y) + 3(x^2)(9y^2) - 27y^3$$
$$= \underline{x^6 - 9x^4y + 27x^2y^2 - 27y^3}$$

Ejercicios:
Desarrollar:

1. $(a+2)^3$ $R: a^3 + 6a^2 + 12a + 8$

2. $(x-1)^3$ $R: x^3 - 3x^2 + 3x - 1$

3. $(m+3)^3$ $R: m^3 + 9m^2 + 27m + 27$

4. $(n-4)^3$ $R: n^3 - 12n^2 + 48n - 64$

5. $(2x+1)^3$

$R: 8x^3 + 12x^2 + 6x + 1$

6. $(1-3y)^3$

$R: 1 - 9y + 27y^2 - 27y^3$

7. $(2+y^2)^3$

$R: 8 + 12y^2 + 6y^4 + y^6$

8. $(1-2n)^3$

$R: 1 - 6n + 12n^2 - 8n^3$

9. $(4n+3)^3$

$R: 64n^3 + 144n^2 + 108n + 27$

10. $\left(a^2 - 2b\right)^3$ $R: a^6 - 6a^4b + 12a^2b^2 - 8b^3$

11. $\left(2x + 3y\right)^3$ $R: 8x^3 + 36x^2y + 54xy^2 + 27y^3$

12. $\left(1 - a^2\right)^3$ $R: 1 - 3a^2 + 3a^4 - a^6$

Producto de dos binomios:

6. $(x + a)(x + b) = x^2 + (a + b)x + ab$

7. $(ax + b)(cx + d) = acx^2 + (ad + bc)x + bd$

Ejemplos:

1. Multiplicar $(x + 7)(x - 2)$.

$$(x + 7)(x - 2) = (x)^2 + \left[(7) + (-2)\right]x + (7)(-2) = x^2 + (7 - 2)x + (-14) = x^2 + (5)x - 14 = \underline{x^2 + 5x - 14}$$

2. Efectuar $(x - 7)(x - 6)$.

$$(x - 7)(x - 6) = (x)^2 + \left[(-7) + (-6)\right]x + (-7)(-6) = x^2 + (-7 - 6)x + (42) = x^2 + (-13)x + 42 = \underline{x^2 - 13x + 42}$$

3. Desarrollar $(a - 11)(a + 9)$.

$$(a - 11)(a + 9) = (a)^2 + \left[(-11) + (9)\right]a + (-11)(9) = a^2 + (-11 + 9)a + (-99) = a^2 + (-2)a - 99 = \underline{a^2 - 2a - 99}$$

4. Efectuar $\left(x^2+7\right)\left(x^2+3\right)$.

$$\left(x^2+7\right)\left(x^2+3\right)=\left(x^2\right)^2+(7+3)x^2+(7)(3)=x^4+(10)x^2+(21)=\underline{x^4+10x^2+21}$$

5. Multiplicar $\left(x^3-12\right)\left(x^3-3\right)$.

$$\left(x^3-12\right)\left(x^3-3\right)=\left(x^3\right)^2+\left[(-12)+(-3)\right]x^3+(-12)(-3)=x^6+(-12-3)x^3+(36)=x^6+(-15)x^3+36=\underline{x^6-15x^3+36}$$

6. Desarrollar $(3x+5)(4x+6)$.

$$(3x+5)(4x+6)=(3)(4)(x)^2+\left[(3)(6)+(5)(4)\right]x+(5)(6)=(12)x^2+(18+20)x+(30)=\underline{12x^2+38x+30}$$

NOTA: Existen otros dos productos notables, los cuales son:

8. $(a+b)\left(a^2-ab+b^2\right)=a^3+b^3$

9. $(a-b)\left(a^2+ab+b^2\right)=a^3-b^3$

los cuales tienen una mayor aplicación en la factorización y se estudiará en el tema nueve, donde los retomaremos.

Ejercicios:

Escribir por simple inspección, el resultado de:

1. $(a+1)(a+2)$ $R: a^2+3a+2$

2. $(x+2)(x+4)$ $R: x^2+6x+8$

3. $(x+5)(x-2)$ $R: x^2+3x-10$

4. $(m-6)(m-5)$ $R: m^2 - 11m + 30$

5. $(x+7)(x-3)$ $R: x^2 + 4x - 21$

6. $(x+2)(x-1)$ $R: x^2 + x - 2$

7. $(x-3)(x-1)$ $R: x^2 - 4x + 3$

8. $(x-5)(x+4)$ $R: x^2 - x - 20$

9. $(a-11)(a+10)$

$R:a^2-a-110$

10. $(n-19)(n+10)$

$R:n^2-9n-190$

11. $(a^2+5)(a^2-9)$

$R:a^4-4a^2-45$

12. $(x^2-1)(x^2-7)$

$R:x^4-8x^2+7$

13. $(n^2-1)(n^2+20)$

$R:n^4+19n^2-20$

14. $\left(n^3+3\right)\left(n^3-6\right)$ $R: n^6-3n^3-18$

15. $\left(x^3+7\right)\left(x^3-6\right)$ $R: x^6+x^3-42$

16. $\left(a^4+8\right)\left(a^4-1\right)$ $R: a^8+7a^4-8$

17. $\left(a^5-2\right)\left(a^5+7\right)$ $R: a^{10}+5a^5-14$

18. $\left(a^6+7\right)\left(a^6-9\right)$ $R: a^{12}-2a^6-63$

19. $\left(ab+5\right)\left(ab-6\right)$

$R:a^2b^2-ab-30$

20. $\left(xy^2-9\right)\left(xy^2+12\right)$

$R:x^2y^4+3xy^2-108$

21. $\left(a^2b^2-1\right)\left(a^2b^2+7\right)$

$R:a^4b^4+6a^2b^2-7$

22. $\left(x^3y^3-6\right)\left(x^3y^3+8\right)$

$R:x^6y^6+2x^3y^3-48$

23. $\left(a^x - 3\right)\left(a^x + 8\right)$ $R: a^{2x} + 5a^x - 24$

24. $\left(a^{x+1} - 6\right)\left(a^{x+1} - 5\right)$ $R: a^{2x+2} - 11a^{x+1} + 30$

25. $\left(2x + 5\right)\left(3x - 2\right)$ $R: 6x^2 + 11x - 10$

26. $\left(4x - 2\right)\left(3x + 2\right)$ $R: 12x^2 + 2x - 4$

7. DIVISIÓN

La división se define indirectamente por medio del postulado siguiente:

Postulado: Dado dos números cualesquiera a y c, $a \neq 0$, entonces existe un número b y sólo uno tal que

$$ab = c$$

éste número b está dado por la siguiente igualdad

$$b = \frac{c}{a}, \ a \neq 0$$

que se lee "b es igual a c dividido entre a", y se dice que b es el cociente obtenido al dividir el dividendo c entre el divisor a.

$$\frac{A}{B} = \frac{\text{Dividendo}}{\text{Divisor}} = \frac{\text{Numerador}}{\text{Denominador}} = \text{Cociente} = Q$$

Propiedad divisora de la igualdad: Si a, b y c son tres números cualesquiera tales que $a = b$ y $c \neq 0$, entonces

$$\frac{a}{c} = \frac{b}{c}$$

es decir, si a números iguales son divididos entre números iguales, no nulos, los cocientes son iguales.

Ejemplo: Despejar x de la ecuación $2x = 4$.

$$\underset{a}{2x} = \underset{b}{4}$$

$$\frac{2x}{c} = \frac{4}{c}, \quad c = 2.$$

$$\frac{2x}{2} = \frac{4}{2}$$

$$1x = \frac{4}{2}$$

$$x = 2$$

Teorema: La división entre cero es imposible.

$$\frac{a}{0} = \text{Es imposible}$$

Teorema: Si a cero se le divide entre cualquier número no nulo, el cociente es cero.

$$\frac{0}{a} = 0, \ a \neq 0.$$

Definición: El recíproco de a es $\dfrac{1}{a}$, donde $a \neq 0$.

Ejemplos:

    a. El recíproco de 5 es $\dfrac{1}{5}$.

    b. El recíproco de $\dfrac{1}{3}$ es $\dfrac{1}{1/3} = 3$.

    c. El recíproco de -7 es $\dfrac{1}{-7} = -\dfrac{1}{7}$.

    d. El recíproco de $-\dfrac{1}{20}$ es $\dfrac{1}{-1/20} = -20$.

    e. El recíproco de $\dfrac{a}{b}$ es $\dfrac{1}{a/b} = \dfrac{b}{a}$.

Definición: El producto de cualquier número no nulo, multiplicado por su recíproco es igual a la unidad.

$$(a)\left(\frac{1}{a}\right) = \frac{a}{a} = 1$$

Definición: El resultado de multiplicar o dividir cualquier número por la unidad es igual al mismo número.

$$1 \cdot a = a \quad \text{(Neutro Multiplicativo)}$$

$$\frac{a}{1} = a \quad \text{(Neutro Divisor)}$$

Definición: Cualquier número excepto el cero, con potencia igual a cero, es igual a la unidad, es decir,

$$a^{0} = 1, \; a \neq 0$$

Ley de los signos de la división:

1. El cociente de la división de dos números con el mismo signo es positivo.

$$\frac{(+)}{(+)} = (+); \quad \frac{(-)}{(-)} = (+)$$

2. El cociente de la división de dos números con signos distintos es negativo.

$$\frac{(-)}{(+)} = (-); \quad \frac{(+)}{(-)} = (-)$$

Definición: Si a , b y c son todos positivos, podemos escribir

$$b = \frac{c}{a} = \frac{-c}{-a}$$

$$-b = \frac{-c}{a} = \frac{c}{-a} = -\frac{c}{a}$$

Teorema: El producto de dos cocientes $\dfrac{a}{b}$ y $\dfrac{c}{d}$ es otro cociente, dado por la igualdad

$$\frac{a}{b} \cdot \frac{c}{d} = \frac{ac}{bd}$$

Corolario:

1. $\dfrac{ac}{bd} = \dfrac{a}{d} \cdot \dfrac{c}{b}$

2. $\dfrac{ac}{b} = \dfrac{a}{b} \cdot c = a \cdot \dfrac{c}{b} = ac \cdot \dfrac{1}{b}$

3. $\dfrac{a}{b} = \dfrac{a}{1} \cdot \dfrac{1}{b} = a \cdot \dfrac{1}{b}$

Ley de los exponentes:

1. $\left(\dfrac{a}{b}\right)^n = \dfrac{a^n}{b^n}$

2. Para $a \neq 0$ y m y n enteros y positivos tales que $m > n$.

$$\frac{a^m}{a^n} = a^{m-n}$$

3. Para $a \neq 0$ y m y n enteros y positivos tales que $m < n$.

$$\frac{a^m}{a^n} = \frac{1}{a^{n-m}}$$

4. Para $a \neq 0$ y $n \in \mathbb{R}$, se tiene que:

$$\text{si } a^n = \frac{1}{a^{-n}} , \quad \text{o si} \quad \frac{1}{a^n} = a^{-n}$$

Teorema: Para dividir un polinomio entre un monomio se divide cada término del polinomio entre el monomio y se suman los cocientes obtenidos. Esto es:

$$\frac{a+b+c}{m} = \frac{a}{m} + \frac{b}{m} + \frac{c}{m}$$

Definición:

1. En una *división exacta* el residuo es igual a cero $(R=0)$ y su resultado se representa de la siguiente manera:

$$\frac{A}{B}=Q\,,\qquad \begin{array}{l} A=\text{Dividendo} \\ B=\text{Divisor} \\ Q=\text{Cociente} \end{array}$$

2. En una división no exacta el residuo es diferente a cero $(R\neq0)$ y su resultado se representa de la siguiente manera:

$$\frac{A}{B}=Q+\frac{R}{B}\,,\qquad R=\text{Residuo}$$

I. División de dos monomios:

Ejemplos:

1. Dividir $4a^3b^2$ entre $-2ab$.

$$\frac{4a^3b^2}{-2ab}=\frac{4}{-2}\frac{a^3}{a}\frac{b^2}{b}=-2a^{3-1}b^{2-1}=\underline{-2a^2b}$$

2. Dividir $-5a^4b^3c$ entre $-a^2b$.

$$\frac{-5a^4b^3c}{-a^2b}=\frac{-5}{-1}\frac{a^4}{a^2}\frac{b^3}{b}\frac{c}{1}=5a^{4-2}b^{3-1}c=\underline{5a^2b^2c}$$

3. Dividir $-20mx^2y^3$ entre $4xy^3$.

$$\frac{-20mx^2y^3}{4xy^3}=\frac{-20}{4}\frac{m}{1}\frac{x^2}{x}\frac{y^3}{y^3}=-5mx^{2-1}y^{3-3}=-5mxy^0=-5mx(1)=\underline{-5mx}$$

4. Dividir $-x^my^nz^a$ entre $3xy^2z^3$.

$$\frac{-x^my^nz^a}{3xy^2z^3}=\frac{-1}{3}\frac{x^m}{x}\frac{y^n}{y^2}\frac{z^a}{z^3}=-\frac{1}{3}x^{m-1}y^{n-2}z^{a-3}$$

5. Dividir $a^{x+3}b^{m+2}$ entre $a^{x+2}b^{m+1}$.

$$\frac{a^{x+3}b^{m+2}}{a^{x+2}b^{m+1}}=\frac{a^{x+3}}{a^{x+2}}\frac{b^{m+2}}{b^{m+1}}=a^{(x+3)-(x+2)}b^{(m+2)-(m+1)}=a^{x+3-x-2}b^{m+2-m-1}=a^{3-2}b^{2-1}=\underline{ab}$$

6. Dividir $-3x^{2a+3}y^{3a-2}$ entre $-5x^{a-4}y^{a-1}$.

$$\frac{-3x^{2a+3}y^{3a-2}}{-5x^{a-4}y^{a-1}}=\frac{-3}{-5}\frac{x^{2a+3}}{x^{a-4}}\frac{y^{3a-2}}{y^{a-1}}=\frac{3}{5}x^{(2a+3)-(a-4)}y^{(3a-2)-(a-1)}=\frac{3}{5}x^{2a+3-a+4}y^{3a-2-a+1}=\underline{\frac{3}{5}x^{a+7}y^{2a-1}}$$

7. Dividir $\dfrac{2}{3}a^2b^3c$ entre $-\dfrac{5}{6}a^2bc$.

M.C.D

$$\dfrac{\dfrac{2}{3}a^2b^3c}{-\dfrac{5}{6}a^2bc} = \dfrac{\dfrac{2}{3}}{-\dfrac{5}{6}}\dfrac{a^2}{a^2}\dfrac{b^3}{b}\dfrac{c}{c} = -\dfrac{12}{15}a^{2-2}b^{3-1}c^{1-1} = -\dfrac{\overset{1}{\cancel{4}}}{\underset{2}{\cancel{5}}}a^0b^2c^0 = -\dfrac{4}{5}(1)b^2(1) = \underline{-\dfrac{4}{5}b^2}$$

$$
\begin{array}{r|l}
12 & 2 \\
6 & 2 \\
3 & \boxed{3} \\
1 &
\end{array}
\qquad
\begin{array}{r|l}
15 & \boxed{3} \\
5 & 5 \\
1 &
\end{array}
$$

$\underbrace{}_{\substack{1 \\ 2\times2=4}}$ $\underbrace{}_{2}$

Ejercicios:

Dividir:

1. $-a^2b$ entre $-ab$	$R:a$

2. $54x^2y^2z^3$ entre $-6xy^2z^3$	$R:-9x$

3. $-5m^2n$ entre m^2n	$R:-5$

4. $-8a^2x^3$ entre $-8a^2x^3$	$R:1$

5. $-xy^2$ entre $2y$	$R:-\dfrac{1}{2}xy$

6. $5x^4 y^5$ entre $-6x^4 y$

$R: -\dfrac{5}{6} y^4$

7. $-a^8 b^9 c^4$ entre $8c^4$

$R = -\dfrac{1}{8} a^8 b^9$

8. $16m^6 n^4$ entre $-5n^3$

$R: -\dfrac{16}{5} m^6 n$

9. $-108a^7 b^6 c^8$ entre $-20b^6 c^8$

$R: \dfrac{27}{5} a^7$

10. $-2m^2 n^6$ entre $-3mn^6$

$R: \dfrac{2}{3} m$

11. $-7x^{m+3} y^{m-1}$ entre $-8x^4 y^2$

$R: \dfrac{7}{8} x^{m-1} y^{m-3}$

12. $5a^{2m-1}b^{x-3}$ entre $-6a^{2m-2}b^{x-4}$ $R:-\dfrac{5}{6}ab$

13. $-4x^{n-1}y^{n+1}$ entre $5x^{n-1}y^{n+1}$ $R:-\dfrac{4}{5}$

14. $a^{m+n}b^{x+n}$ entre a^mb^a $R:a^nb^{x+n-a}$

15. $-5ab^2c^3$ entre $6a^mb^nc^x$ $R:-\dfrac{5}{6}a^{1-m}b^{2-n}c^{3-x}$

16. $\dfrac{2}{3}a^xb^m$ entre $-\dfrac{3}{5}ab^2$ $R:-\dfrac{10}{9}a^{x-1}b^{m-2}$

17. $-\dfrac{3}{8}c^3d^5$ entre $\dfrac{3}{4}d^x$

$R:-\dfrac{1}{2}c^3d^{5-x}$

18. $\dfrac{3}{4}a^mb^n$ entre $-\dfrac{3}{2}b^3$

$R:-\dfrac{1}{2}a^mb^{n-3}$

19. $-2a^{x+4}b^{m-3}$ entre $-\dfrac{1}{2}a^4b^3$

$R:4a^xb^{m-6}$

20. $-\dfrac{1}{15}a^{x-3}b^{m+5}c^2$ entre $\dfrac{3}{5}a^{x-4}b^{m-1}$

$R:-\dfrac{1}{9}ab^6c^2$

II. División de un polinomio entre un monomio:

Ejemplos:

1. Dividir $3a^3 - 6a^2b + 9ab^2$ entre $3a$.

$$\frac{3a^3 - 6a^2b + 9ab^2}{3a} = \frac{3a^3}{3a} - \frac{6a^2b}{3a} + \frac{9ab^2}{3a}$$

$$= \frac{\cancel{3}}{\cancel{3}}\frac{a^3}{a} - \frac{6}{3}\frac{a^2}{a}\frac{b}{1} + \frac{9}{3}\frac{\cancel{a}}{\cancel{a}}\frac{b^2}{1}$$

$$= (1)a^{3-1} - 2a^{2-1}b + 3(1)b^2$$

$$= \underline{a^2 - 2ab + 3b^2}$$

2. Dividir $2a^x b^m - 6a^{x+1}b^{m-1} - 3a^{x+2}b^{m-2}$ entre $-2a^3b^4$.

$$\frac{2a^x b^m - 6a^{x+1}b^{m-1} - 3a^{x+2}b^{m-2}}{-2a^3b^4} = \frac{2a^x b^m}{-2a^3b^4} - \frac{6a^{x+1}b^{m-1}}{-2a^3b^4} - \frac{3a^{x+2}b^{m-2}}{-2a^3b^4}$$

$$= \frac{\cancel{2}}{-\cancel{2}}\frac{a^x}{a^3}\frac{b^m}{b^4} - \frac{6}{-2}\frac{a^{x+1}}{a^3}\frac{b^{m-1}}{b^4} - \frac{3}{-2}\frac{a^{x+2}}{a^3}\frac{b^{m-2}}{b^4}$$

$$= -(1)a^{x-3}b^{m-4} + 3a^{(x+1)-3}b^{(m-1)-4} + \frac{3}{2}a^{(x+2)-3}b^{(m-2)-4}$$

$$= -a^{x-3}b^{m-4} + 3a^{x+1-3}b^{m-1-4} + \frac{3}{2}a^{x+2-3}b^{m-2-4}$$

$$= \underline{-a^{x-3}b^{m-4} + 3a^{x-2}b^{m-5} + \frac{3}{2}a^{x-1}b^{m-6}}$$

3. Dividir $\frac{3}{4}x^3y - \frac{2}{3}x^2y^2 + \frac{5}{6}xy^3 - \frac{1}{2}y^4$ entre $\frac{5}{6}y$.

$$\frac{\frac{3}{4}x^3y - \frac{2}{3}x^2y^2 + \frac{5}{6}xy^3 - \frac{1}{2}y^4}{\frac{5}{6}y}$$

Para reducir las fracciones numéricas se obtiene el Máximo Común Divisor (M. C. D.) el cual se quita ya que da la unidad (los números que están encerrados en cuadros), se multiplican los números restantes o simplemente se coloca el número restante según sea caso. Sigue las ligas indicadas.

$$= \frac{\frac{3}{4}x^3y}{\frac{5}{6}y} - \frac{\frac{2}{3}x^2y^2}{\frac{5}{6}y} + \frac{\frac{5}{6}xy^3}{\frac{5}{6}y} - \frac{\frac{1}{2}y^4}{\frac{5}{6}y}$$

$$= \frac{\frac{3}{4}}{\frac{5}{6}}\frac{x^3}{1}\frac{\cancel{y}}{\cancel{y}} - \frac{\frac{2}{3}}{\frac{5}{6}}\frac{x^2}{1}\frac{y^2}{y} + \frac{\cancel{\frac{5}{6}}}{\cancel{\frac{5}{6}}}\frac{x}{1}\frac{y^3}{y} - \frac{\frac{1}{2}}{\frac{5}{6}}\frac{y^4}{y}$$

M. C. D

$$= \frac{18}{20}x^3(1) - \frac{12}{15}x^2y^{2-1} + (1)xy^{3-1} - \frac{6}{10}y^{4-1}$$

$$= \underline{\frac{9}{10}x^3 - \frac{4}{5}x^2y + xy^2 - \frac{3}{5}y^3}$$

18	2		20	2		12	2		15	3		6	2		10	2
9	3		10	2		6	2		5	5		3	3		5	5
3	3		5	5		3	3		1			1			1	
1			1			1										

Ejercicios:
Dividir

1. $3a^3 - 5ab^2 - 6a^2b^3$ entre $-2a$ $R: -\dfrac{3}{2}a^2 + \dfrac{5}{2}b^2 + 3ab^3$

2. $x^3 - 4x^2 + x$ entre x $R: x^2 - 4x + 1$

3. $4x^8 - 10x^6 - 5x^4$ entre $2x^3$ $R: 2x^5 - 5x^3 - \dfrac{5}{2}x$

4. $6m^3 - 8m^2n + 20mn^2$ entre $-2m$ $R: -3m^2 + 4mn - 10n^2$

5. $6a^8b^8 - 3a^6b^6 - a^2b^3$ entre $3a^2b^3$ $R: 2a^6b^5 - a^4b^3 - \dfrac{1}{3}$

6. $x^4 - 5x^3 - 10x^2 + 15x$ entre $-5x$ $R: -\dfrac{1}{5}x^3 + x^2 + 2x - 3$

7. $8m^9n^2 - 10m^7n^4 - 20m^5n^6 + 12m^3n^8$ entre $2m^2$ $R: 4m^7n^2 - 5m^5n^4 - 10m^3n^6 + 6mn^8$

8. $a^x + a^{m-1}$ entre a^2 $R: a^{x-2} + a^{m-3}$

9. $2a^m - 3a^{m+2} + 6a^{m+4}$ entre $-3a^3$ $R: -\dfrac{2}{3}a^{m-3} + a^{m-1} - 2a^{m+1}$

10. $a^m b^n + a^{m-1}b^{n+2} - a^{m-2}b^{n+4}$ entre $a^2 b^3$ $R: a^{m-2}b^{n-3} + a^{m-3}b^{n-1} - a^{m-4}b^{n+1}$

11. $x^{m+2} - 5x^m + 6x^{m+1} - x^{m-1}$ entre x^{m-2} $R: x^4 - 5x^2 + 6x^3 - x$

12. $4a^{x+4}b^{m-1} - 6a^{x+3}b^{m-2} + 8a^{x+2}b^{m-3}$ **entre** $-2a^{x+2}b^{m-4}$ $\qquad R: -2a^2b^3 + 3ab^2 - 4b$

13. $\dfrac{1}{2}x^2 - \dfrac{2}{3}x$ **entre** $\dfrac{2}{3}x$ $\qquad R: \dfrac{3}{4}x - 1$

14. $\dfrac{1}{3}a^3 - \dfrac{3}{5}a^2 + \dfrac{1}{4}a$ **entre** $-\dfrac{3}{5}$ $\qquad R: -\dfrac{5}{9}a^3 + a^2 - \dfrac{5}{12}a$

15. $\dfrac{1}{4}m^4 - \dfrac{2}{3}m^3n + \dfrac{3}{8}m^2n^2$ entre $\dfrac{1}{4}m^2$ $\qquad\qquad R : m^2 - \dfrac{8}{3}mn + \dfrac{3}{2}n^2$

16. $\dfrac{2}{3}x^4y^3 - \dfrac{1}{5}x^3y^4 + \dfrac{1}{4}x^2y^5 - xy^6$ entre $-\dfrac{1}{5}xy^3$ $\qquad R : -\dfrac{10}{3}x^3 + x^2y - \dfrac{5}{4}xy^2 + 5y^3$

17. $\dfrac{2}{5}a^5 - \dfrac{1}{3}a^3b^3 - ab^5$ entre $5a$ $R:\dfrac{2}{25}a^4 - \dfrac{1}{15}a^2b^3 - \dfrac{1}{5}b^5$

18. $\dfrac{1}{3}a^m + \dfrac{1}{4}a^{m-1}$ entre $\dfrac{1}{2}a$ $R:\dfrac{2}{3}a^{m-1} + \dfrac{1}{2}a^{m-2}$

19. $\frac{2}{3}a^{x+1} - \frac{1}{4}a^{x-1} - \frac{2}{5}a^x$ entre $\frac{1}{6}a^{x-2}$

$R: 4a^3 - \frac{3}{2}a - \frac{12}{5}a^2$

20. $-\frac{3}{4}a^{n-1}x^{m+2} + \frac{1}{8}a^n x^{m+1} - \frac{2}{3}a^{n+1}x^m$ entre $-\frac{2}{5}a^3 x^2$

$R: \frac{15}{8}a^{n-4}x^m - \frac{5}{16}a^{n-3}x^{m-1} + \frac{5}{3}a^{n-2}x^{m-2}$

III. División de dos polinomios:

Antes de llevar a cabo la operación deben realizarse las siguientes operaciones para organizar la información dada por los polinomios.

1. Ordenar el dividendo y el divisor en el orden decreciente según las potencias de una letra principal. En los ejercicios clásicos se usa la x, pero puede ser cualquier letra.

2. Observar si falta alguna de las potencias de la letra principal en cualquiera de los dos polinomios. Si falta alguna de estas, en el lugar que debe ocupar se colocara un cero o simplemente se deja el espacio en blanco.

3. El grado del dividendo, es decir la mayor potencia que tenga su letra principal, debe ser mayor o igual que la mayor potencia que tenga el divisor en la misma letra principal. Si esto no se cumple la división no se puede realizar.

Algoritmo: El procedimiento de esta división se explica en los siguientes pasos:

1. Tomar el primer término del dividendo y dividirlo entre el primer término del divisor. Esto nos va a dar el primer término del cociente

2. Tomar el primer término del cociente y multiplicarlo por todo el divisor, el resultado será restado al dividendo, para simplificar dicho dividendo. En esta parte, el resultado de la multiplicación se coloca debajo del dividendo, con el signo cambiado, para efectuar una RESTA.

3. Con el dividendo así simplificado mediante la resta anterior, se repite todo el procedimiento, para obtener el segundo término del cociente, el tercer término y así sucesivamente. El procedimiento se repite hasta que ya no quede nada en el dividendo, o bien hasta que lo que queda del dividendo sea una expresión de menor grado que el divisor.

Ejemplos:

1. Dividir $3x^2 + 2x - 8$ entre $x + 2$.

$$\frac{3x^2}{x} = \frac{3x^2}{x} = 3x$$

$$\frac{-4x}{x} = \frac{-4x}{x} = -4$$

$$B = x + 2 \overline{\big)\, 3x^2 + 2x - 8 = A} \quad \overset{3x - 4 = Q}{}$$
$$(-)\left(3x^2 + 6x\right)$$
$$\overline{\quad -4x - 8}$$
$$(-)\left(-4x - 8\right)$$
$$\overline{\quad\quad 0 = R}$$

Como $R = 0$, entonces es una división exacta

$$\therefore \quad \frac{3x^2 + 2x - 8}{x + 2} = 3x - 4$$

2. Dividir $28x^2 - 30y^2 - 11xy$ entre $4x - 5y$.

$$4x - 5y \overline{\big)\, 28x^2 - 11xy - 30y^2} \quad \overset{7x + 6y}{}$$
$$(-)\left(28x^2 - 35xy\right)$$
$$\overline{\quad 24xy - 30y^2}$$
$$(-)\left(24xy - 30y^2\right)$$
$$\overline{\quad\quad 0}$$

Como $R = 0$, entonces es una división exacta

$$\therefore \quad \frac{28x^2 - 11xy - 30y^2}{4x - 5y} = 7x + 6y$$

3. Dividir $2x^3 - 2 - 4x$ entre $2 + 2x$.

$$
\begin{array}{r}
x^2 - x - 1 \\
2x+2\overline{\smash{\big)}2x^3 \quad\quad -4x - 2} \\
(-)\underline{(2x^3 + 2x^2)} \\
-2x^2 - 4x - 2 \\
(-)\underline{(-2x^2 - 2x)} \\
-2x - 2 \\
(-)\underline{(-2x - 2)} \\
\underline{|0}
\end{array}
$$

Como $R = 0$, entonces es una división exacta

$$\therefore \quad \frac{2x^3 - 4x - 2}{2x + 2} = \underline{x^2 - x - 1}|$$

4. Dividir $3a^5 + 10a^3b^2 + 64a^2b^3 - 21a^4b + 32ab^4$ entre $a^3 - 4ab^2 - 5a^2b$.

$$
\begin{array}{r}
3a^2 - 6ab - 8b^2 \\
a^3 - 5a^2b - 4ab^2\overline{\smash{\big)}3a^5 - 21a^4b + 10a^3b^2 + 64a^2b^3 + 32ab^4} \\
(-)\underline{(3a^5 - 15a^4b - 12a^3b^2)} \\
-6a^4b + 22a^3b^2 + 64a^2b^3 + 32ab^4 \\
(-)\underline{(-6a^4b + 30a^3b^2 + 24a^2b^3)} \\
-8a^3b^2 + 40a^2b^3 + 32ab^4 \\
(-)\underline{(-8a^3b^2 + 40a^2b^3 + 32ab^4)} \\
\underline{|0}
\end{array}
$$

Como $R = 0$, entonces es una división exacta $\therefore \quad \dfrac{3a^5 - 21a^4b + 10a^3b^2 + 64a^2b^3 + 32ab^4}{a^3 - 5a^2b - 4ab^2} = \underline{3a^2 - 6ab - 8b^2}|$

5. Dividir $a^3 - 3a^2 + 4a - 7$ entre $a^2 + a - 1$.

$$
\begin{array}{r}
a - 4 \\
a^2 + a - 1\overline{\smash{\big)}a^3 - 3a^2 + 4a - 7} \\
(-)\underline{(a^3 + a^2 - a)} \\
-4a^2 + 5a - 7 \\
(-)\underline{(-4a^2 - 4a + 4)} \\
\underline{|9a - 11}
\end{array}
$$

Como $R \neq 0$, entonces es una división no exacta

$$\therefore \quad \frac{a^3 - 3a^2 + 4a - 7}{a^2 + a - 1} = \underline{a - 4 + \frac{9a - 11}{a^2 + a - 1}}|$$

Ejercicios:
Dividir

1.　$x^2 + 15 - 8x$ entre $3 - x$　　　　　　　　　　　$R: -x + 5$

2. $6 + a^2 + 5a$ entre $a + 2$ $R : a + 3$

3. $6x^2 - xy - 2y^2$ entre $y + 2x$ $R : 3x - 2y$

4. $-15x^2 - 8y^2 + 22xy$ entre $2y - 3x$ $R : 5x - 4y$

5. $5a^2 + 8ab - 21b^2$ entre $a + 3b$

$R : 5a - 7b$

6. $14x^2 - 12 + 22x$ entre $7x - 3$

$R : 2x + 4$

7. $-8a^2 + 12ab - 4b^2$ entre $b - a$

$R : 8a - 4b$

8. $5n^2 - 11mn + 6m^2$ entre $m - n$ $R : 6m - 5n$

9. $32n^2 - 54m^2 + 12mn$ entre $8n - 9m$ $R = 6m + 4n$

10. $-14y^2 + 33 + 71y$ entre $-3 - 7y$ $R : 2y - 11$

11. $x^3 - y^3$ entre $x - y$ $\qquad\qquad\qquad R: x^2 + xy + y^2$

12. $a^3 + 3ab^2 - 3a^2b - b^3$ entre $a - b$ $\qquad\qquad R: a^2 - 2ab + b^2$

13. $x^4 - 9x^2 + 3 + x$ entre $x + 3$ $\qquad\qquad R: x^3 - 3x^2 + 1$

14. $a^4 + a$ entre $a+1$ $\hspace{3cm}$ $R: a^3 - a^2 + a$

15. $m^6 - n^6$ entre $m^2 - n^2$ $\hspace{2cm}$ $R: m^4 + m^2 n^2 + n^4$

16. $2x^4 - x^3 - 3 + 7x$ entre $2x + 3$

$R: x^3 - 2x^2 + 3x - 1$

17. $3y^5 + 5y^2 - 12y + 10$ entre $y^2 + 2$

$R: 3y^3 - 6y + 5$

18. $am^4 - am - 2a$ entre $am + a$ $R: m^3 - m^2 + m - 2$

19. $12a^3 + 33ab^2 - 35a^2b - 10b^3$ entre $4a - 5b$ $R: 3a^2 - 5ab + 2b^2$

20. $15m^5 - 9m^3n^2 - 5m^4n + 3m^2n^3 + 3mn^4 - n^5$ entre $3m - n$ $\qquad$ $R: 5m^4 - 3m^2n^2 + n^4$

21. En una división exacta el dividendo es $x^3 + 3x^2y + xy^2 - 2y^3$ y el cociente es $x^2 + xy - y^2$. Hallar el divisor.

$$R: x + 2y$$

22. En una división exacta, el dividendo es $x^4 - y^4$ y el cociente es $x^3 + x^2 y + xy^2 + y^3$. Hallar el divisor.

$R: x - y$

23. Demostrar que $3x - 5$ es un factor de $6x^2 - 31x + 35$.

24. Demostrar que $a + b + c$ es un factor de $a^2 - b^2 - 2bc - c^2$.

25. Si $2x - 3y + 1$ es un factor de $4x^2 - 4xy - 3y^2 - 2x + 7y - 2$, hallar el otro factor. $R: 2x + y - 2$

26. Si $a^2 + 2a - 1$ es un factor de $2a^4 + 3a^3 - 6a^2 - 3a + 2$, hallar el otro factor. $R: 2a^2 - a - 2$

27. En una división el dividendo es $a^3 - 2a^2 + a - 3$, el divisor es $a+3$, y el cociente es $a^2 - 5a + 16$. Calcular el residuo sin efectuar la división.

$R: -51$

28. En una división el dividendo es $x^4 - 2x^3 - x^2 - x - 1$, el divisor es $x^2 + x + 1$, y el residuo es $x - 2$. Calcular el cociente.

$R: x^2 - 3x + 1$

29. En una división el dividendo es $x^5 + 2x^4 - x^3 + 2x^2 - x + 2$, el cociente es $x^2 + 2x - 2$, y el residuo es $3x^2 + 7x - 4$. Hallar el divisor.

$R: x^3 + x - 3$

30. En una división el divisor es $x^2 + 1$, el cociente es $x^2 + 2x + 2$, y el residuo es $-4x - 1$. Hallar el dividendo.

$R: x^4 + 2x^3 + 3x^2 - 2x + 1$

8. DIVISIÓN SINTÉTICA

Antes de estudiar la división sintética, estudiaremos dos teoremas, el teorema del residuo y el teorema del factor.

Teorema del residuo y del factor: A continuación obtendremos una proposición sencilla pero sumamente importante, conocida como el *teorema del residuo*. Antes de enunciar formalmente éste teorema veremos su significado con un ejemplo:

Ejemplo:

Dividir el polinomio $f(x) = 3x^3 - 4x^2 - 2x - 7$ entre $x - 2$ usando la división algebraica ordinaria.

$$
\begin{array}{r}
3x^2 + 2x + 2 \\
x - 2\overline{\smash{)}\,3x^3 - 4x^2 - 2x - 7} \\
(-)\left(3x^3 - 6x^2\right) \\
\hline
2x^2 - 2x - 7 \\
(-)\left(2x^2 - 4x\right) \\
\hline
2x - 7 \\
(-)\left(2x - 4\right) \\
\hline
\boxed{-3}
\end{array}
$$

Del ejemplo se obtiene el cociente $Q(x) = 3x^2 + 2x + 2$ y el residuo $R = -3$.

Observemos que también se encuentra éste último resultado si en el dividendo $f(x)$ sustituimos x por el valor de 2, o sea

$$
\begin{aligned}
f(x) &= 3x^3 - 4x^2 - 2x - 7 \\
f(2) &= 3(2)^3 - 4(2)^2 - 2(2) - 7 \\
&= 3(8) - 4(4) - 2(2) - 7 \\
&= 24 - 16 - 4 - 7 \\
&= \underline{-3|}
\end{aligned}
$$

El hecho de que $f(2)$ y el residuo R hayan sido ambos iguales a -3 puede, por supuesto, deberse simplemente a una coincidencia en éste caso particular. Pero en realidad esto sucede en todos los casos, como lo indican los siguientes teoremas.

Teorema: (Teorema del Residuo). Si el polinomio $f(x)$ se divide entre $x - a$ siendo a una constante independiente de x, el residuo es igual a $f(a)$.

Teorema: (Teorema del Factor). Si a es una raíz de la ecuación $f(x) = 0$ entonces $x - a$ es un factor del polinomio $f(x)$; es decir, $R = 0$.

Ejemplos:

1. Hallar, sin efectuar la división, el residuo de dividir $x^2 - 7x + 6$ entre $x - 4$.

Despejando x de $x - 4 = 0$

$$x - 4 = 0$$
$$\underline{x = 4|}$$

Sustituyendo $x = 4$ en $f(x) = x^2 - 7x + 6$

$$f(4) = (4)^2 - 7(4) + 6$$
$$= 16 - 28 + 6$$
$$= \underline{-6|}$$

Por lo tanto $R = -6$.

2. Hallar por inspección, el residuo de dividir $a^3 + 5a^2 + a - 1$ entre $a + 5$.

Despejando a de $a + 5$

$$a + 5 = 0$$
$$\underline{a = -5|}$$

Sustituyendo $a = -5$ en $f(a) = a^3 + 5a^2 + a - 1$

$$f(-5) = (-5)^3 + 5(-5)^2 + (-5) - 1$$
$$= -125 + 5(25) - 5 - 1$$
$$= -125 + 125 - 6$$
$$= \underline{-6|}$$

Por lo tanto $R = -6$.

3. Hallar por inspección, el residuo de $2x^3 + 6x^2 - 12x + 1$ entre $2x + 1$.

Despejando x de $2x + 1 = 0$

$$2x + 1 = 0$$
$$\underline{x = -\frac{1}{2}|}$$

Sustituyendo $x = -\frac{1}{2}$ en $f(x) = 2x^3 + 6x^2 - 12x + 1$

$$f\left(-\frac{1}{2}\right) = 2\left(-\frac{1}{2}\right)^3 + 6\left(-\frac{1}{2}\right)^2 - 12\left(-\frac{1}{2}\right) + 1 = 2\left(-\frac{1}{8}\right) + 6\left(\frac{1}{4}\right) + \frac{12}{2} + 1 = -\frac{2}{8} + \frac{6}{4} + 6 + 1 = \underline{\frac{33}{4}|}$$

Por lo tanto $R = \frac{33}{4}$.

4. Hallar por inspección, el residuo de $a^4 - 9a^2 - 3a + 2$ entre $3a - 2$.

Despejando a de $3a - 2 = 0$

$$3a - 2 = 0$$
$$\underline{a = \frac{2}{3}}$$

Sustituyendo $a = \dfrac{2}{3}$ en $f(a) = a^4 - 9a^2 - 3a + 2$

$$f\left(\frac{2}{3}\right) = \left(\frac{2}{3}\right)^4 - 9\left(\frac{2}{3}\right)^2 - 3\left(\frac{2}{3}\right) + 2 = \frac{16}{81} - 9\left(\frac{4}{9}\right) - 2 + 2 = \frac{16}{81} - \frac{4}{1} = \underline{-\frac{308}{81}}$$

Por lo tanto $R = -\dfrac{308}{81}$.

5. Sin efectuar la división, calcular el residuo que se obtiene al dividir el polinomio $f(x) = x^4 + 5x^3 + 5x^2 - 4x - 7$ entre $x + 3$.

Despejando x de $x + 3$

$$x + 3 = 0$$
$$\underline{x = -3}$$

Sustituyendo $x = -3$ en $f(x) = x^4 + 5x^3 + 5x^2 - 4x - 7$

$$f(-3) = (-3)^4 + 5(-3)^3 + 5(-3)^2 - 4(-3) - 7 = 81 + 5(-27) + 5(9) + 12 - 7 = 81 - 135 + 45 + 12 - 7 = 138 - 142 = \underline{-4}$$

Por lo tanto $R = -4$.

6. Por medio del teorema del factor, demostrar que $x - 5$ es un factor de $f(x) = x^3 - 8x^2 + 19x - 20$.

Despejando x de $x - 5$

$$x - 5 = 0$$
$$\underline{x = 5}$$

Sustituyendo $x = 5$ en $f(x) = x^3 - 8x^2 + 19x - 20$

$$f(5) = (5)^3 - 8(5)^2 + 19(5) - 20 = 125 - 8(25) + 95 - 20 = 125 - 200 + 95 - 20 = 220 - 220 = \underline{0}$$

Ya que $R = 0$, entonces $x - 5$ es un factor de $x^3 - 8x^2 + 19x - 20$.

Ejercicios:

Usar los teoremas del residuo y del factor, para hallar el residuo y demostrar que $x-a$ es un factor de $f(x)$, de dividir:

1. $x^2 - 2x + 3$ entre $x - 1$

    $R:2$

2. $x^3 - 3x^2 + 2x - 2$ entre $x + 1$

    $R:-8$

3. $x^4 - x^3 + 5$ entre $x - 2$

    $R:13$

4. $a^4 - 5a^3 + 2a^2 - 6$ entre $a + 3$

    $R:228$

5. $m^4 + m^3 - m^2 + 5$ entre $m - 4$

$R:309$

6. $x^5 + 3x^4 - 2x^3 + 4x^2 - 2x + 2$ entre $x + 3$

$R:98$

7. $a^5 - 2a^3 + 2a - 4$ entre $a - 5$

$R:2881$

8. $6x^3 + x^2 + 3x + 5$ entre $2x + 1$

R:3

9. $12x^3 - 21x + 90$ entre $3x - 3$

R:81

10. $15x^3 - 11x^2 + 10x + 18$ entre $3x + 2$

R:2

11. $5x^4 - 12x^3 + 9x^2 - 22x + 21$ entre $5x - 2$ $R:13$

12. $a^6 + a^4 - 8a^2 + 4a + 1$ entre $2a + 3$ $R:-\dfrac{419}{64}$

División sintética: como se estudió, el teorema del residuo nos permite obtener el valor del residuo del polinomio $f(x)$ para valores determinados de x sin hacer la división directa.

Pero para obtener el cociente se requiere la división de un polinomio entre un binomio, la operación puede resultar bastante larga si se utiliza la división ordinaria.

Existe un método para efectuar rápidamente esta división y es conocido como *división sintética*. Expliquemos el procedimiento con unos ejemplos.

La división sintética se realiza para simplificar la división de un polinomio entre un binomio de la forma $x-a$, logrando una manera más compacta y sencilla de realizar la división.

Algoritmo:

1. Se ordenan los coeficientes de los términos en un orden decreciente de potencias de x (variable) hasta llegar al exponente cero rellenando con coeficientes cero donde haga falta.
2. Después escribimos a en la parte izquierda del tercer renglón.
3. Se baja el coeficiente de la izquierda del primer renglón al tercer renglón.
4. Multiplicamos este coeficiente por a para obtener el primer número del segundo renglón (en el primer espacio de la izquierda nunca se escribe nada).
5. Sumamos de manera vertical para obtener el segundo número del tercer renglón (se suman los coeficientes del primer renglón y la del segundo renglón.
6. Con este último número repetimos los pasos cuatro y cinco hasta encontrar el último número del tercer renglón, que será el residuo.

---

1. Por división sintética. Hallar el cociente y el residuo de la división de $3x^3-4x^2-2x-7$ entre $x-2$.

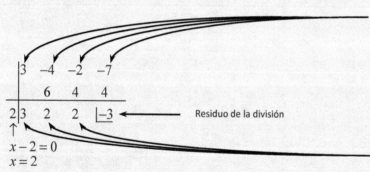

Coeficientes del polinomio en orden decreciente, hablando del grado del polinomio

Residuo de la división

Coeficientes del cociente, disminuido en uno del grado del polinomio original $3-1=2$

Por lo que el cociente es $Q=3x^2+2x+2$ y el residuo es $R=-3$.

2. Por división sintética, hallar el cociente y el residuo de la división de $2x^4+3x^3-x-3$ entre $x+2$.

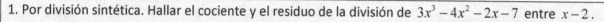

En este caso el coeficiente de x^2 es cero, ya que no está éste término en el polinomio. Recuerde que los coeficientes deben estar en orden decreciente con respecto al grado y no debe faltar ningún término, y si falta algún término se coloca el valor de cero en la posición correspondiente.

Por lo que el cociente es $Q=2x^3-x^2+2x-5$ y el residuo es $R=7$.

3. Hallar por división sintética, el cociente y el residuo de la división de $x^3 - 5x^2 + 3x + 14$ entre $x - 3$.

$$
\begin{array}{r|rrrr}
 & 1 & -5 & 3 & 14 \\
 &   & 3 & -6 & -9 \\
\hline
3 & 1 & -2 & -3 & \underline{|5} \\
\uparrow & & & & \\
\end{array}
$$

$x - 3 = 0$
$x = 3$

Por lo tanto el cociente es $Q = x^2 - 2x - 3$ y el residuo es $R = 5$.

4. Hallar por división sintética, el cociente y el resto de la división de $2x^4 - 5x^3 + 5x^2 - 4x - 105$ entre $x + 2$.

$$
\begin{array}{r|rrrrr}
 & 2 & -5 & 5 & -4 & -105 \\
 &   & -4 & 18 & -46 & 100 \\
\hline
-2 & 2 & -9 & 23 & -50 & \underline{|-5} \\
\uparrow & & & & & \\
\end{array}
$$

$x + 2 = 0$
$x = -2$

Por lo tanto el cociente es $Q = 2x^3 - 9x^2 + 23x - 50$ y el residuo es $R = -5$.

5. Hallar por división sintética, el cociente y el residuo de dividir $x^5 - 16x^3 - 202x + 81$ entre $x - 4$.

$$
\begin{array}{r|rrrrrr}
 & 1 & 0 & -16 & 0 & -202 & 81 \\
 &   & 4 & 16 & 0 & 0 & -808 \\
\hline
4 & 1 & 4 & 0 & 0 & -202 & \underline{|-727} \\
\uparrow & & & & & & \\
\end{array}
$$

$x - 4 = 0$
$x = 4$

Por lo tanto el cociente es $Q = x^4 + 4x^3 - 202$ y el residuo es $R = -727$.

6. Hallar por división sintética, el cociente y el resto de la división de $2x^4 - 3x^3 - 7x - 6$ entre $2x + 1$.

$$
\begin{array}{r|rrrrr}
 & 2 & -3 & 0 & -7 & -6 \\
 &   & -1 & 2 & -1 & 4 \\
\hline
-\frac{1}{2} & 2 & -4 & 2 & -8 & \underline{|-2} \\
\uparrow & & & & & \\
\end{array}
$$

$\Rightarrow$ Se tiene que $\dfrac{2x^4 - 3x^3 - 7x - 6}{2x + 1} = \dfrac{2x^4 - 3x^3 - 7x - 6}{2\left(x + \dfrac{1}{2}\right)}$

$2x + 1 = 0$
$x = -\frac{1}{2}$

Factor del divisor por el que se tiene que dividir el polinomio, ya que debe tener la forma $x - a$.

o sea, $Q = \dfrac{2x^3 - 4x^2 + 2x - 8}{2} = \underline{x^3 - 2x^2 + x - 4|}$

Después de la división sintética se tiene que dividir por este valor el cociente obtenido en la división.

el residuo no se altera sigue siendo $R = -2$.

Por lo tanto el cociente es $Q = x^3 - 2x^2 + x - 4$ y el residuo es $R: -2$.

Ejercicios:

Hallar por división sintética, el cociente y el resto de las divisiones siguientes:

1. $x^2 - 7x + 5$ entre $x - 3$ $R : Q = x - 4, \, R = -7$

2. $a^2 - 5a + 1$ entre $a + 2$ $R : Q = a - 7, \, R = 15$

3. $x^3 - x^2 + 2x - 2$ entre $x + 1$ $R : Q = x^2 - 2x + 4, \, R = -6$

4. $x^3 - 2x^2 + x - 2$ entre $x - 2$ $R : Q = x^2 + 1, \, R = 0$

5. $a^3 - 3a^2 - 6$ entre $a + 3$ $R : Q = a^2 - 6a + 18, R = -60$

6. $n^4 - 5n^3 + 4n - 48$ entre $n + 2$ $R : Q = n^3 - 7n^2 + 14n - 24, R = 0$

7. $x^4 - 3x + 5$ entre $x - 1$ $R : Q = x^3 + x^2 + x - 2, R = 3$

8. $x^5 + x^4 - 12x^3 - x^2 - 4x - 2$ entre $x + 4$ $R : Q = x^4 - 3x^3 - x, R = -2$

9. $a^5 - 3a^3 + 4a - 6$ entre $a - 2$

$R : Q = a^4 + 2a^3 + a^2 + 2a + 8,\ R = 10$

10. $x^5 - 208x^2 + 2076$ entre $x - 5$

$R : Q = x^4 + 5x^3 + 25x^2 - 83x - 415,\ R = 1$

11. $x^6 - 3x^5 + 4x^4 - 3x^3 - x^2 + 2$ entre $x + 3$

$R : Q = x^5 - 6x^4 + 22x^3 - 69x^2 + 206x - 618,\ R = 1856$

12. $2x^3 - 3x^2 + 7x - 5$ entre $2x - 1$

$R : Q = x^2 - x + 3,\ R = -2$

13. $3a^3 - 4a^2 + 5a + 6$ entre $3a + 2$

$R : Q = a^2 - 2a + 3, R = 0$

14. $3x^4 - 4x^3 + 4x^2 - 10x + 8$ entre $3x - 1$

$R : Q = x^3 - x^2 + x - 3, R = 5$

15. $x^6 - x^4 + \dfrac{15}{8}x^3 + x^2 - 1$ entre $2x + 3$

$R : Q = \dfrac{1}{2}x^5 - \dfrac{3}{4}x^4 + \dfrac{5}{8}x^3 + \dfrac{1}{2}x - \dfrac{3}{4}, R = \dfrac{5}{4}$

Corolario del teorema del residuo: (Divisibilidad entre $x - a$)

Corolario: Un polinomio entero en x que se anula para $x = a$, o sea, sustituyendo en él la x por a, es divisible entre $x - a$. Si $x - a = 0$, entonces $x = a$, y $f(a) = 0$, entonces $f(x)$ es divisible entre $x - a$.

Ejemplos:

1. Hallar, sin efectuar la división, si $x^3 - 4x^2 + 7x - 6$ es divisible entre $x - 2$.

Se tiene que

$x - 2 = 0$

$x = 2$

Se sustituye $x = 2$ en $f(x) = x^3 - 4x^2 + 7x - 6$

$f(2) = (2)^3 - 4(2)^2 + 7(2) - 6 = 8 - 4(4) + 14 - 6$

$\quad = 8 - 16 + 14 - 6 = \underline{0}|$

Por lo tanto, como $f(2) = 0$ entonces $x^3 - 4x^2 + 7x - 6$ es divisible entre $x - 2$.

---

2. Hallar, por inspección, si $x^3 - 2x^2 + 3$ es divisible entre $x + 1$.

Se tiene que

$x + 1 = 0$

$x = -1$

Se sustituye $x = -1$ en $f(x) = x^3 - 2x^2 + 3$

$f(-1) = (-1)^3 - 2(-1)^2 + 3 = -1 - 2(1) + 3 = \underline{0}|$

Por lo tanto, como $f(-1) = 0$ entonces $x^3 - 2x^2 + 3$ es divisible entre $x + 1$.

---

3. Hallar por inspección, si $x^4 + 2x^3 - 2x^2 + x - 6$ es divisible entre $x + 3$ y encontrar el cociente de la división.

Se tiene que

$x + 3 = 0$

$x = -3$

Se sustituye $x = -3$ en $f(x) = x^4 + 2x^3 - 2x^2 + x - 6$

$f(-3) = (-3)^4 + 2(-3)^3 - 2(-3)^2 + (-3) - 6$

$\quad = 81 + 2(-27) - 2(9) - 3 - 6$

$\quad = 81 - 54 - 18 - 3 - 6 = \underline{0}|$

Por lo tanto, como $f(-3) = 0$ entonces

$x^4 + 2x^3 - 2x^2 + x - 6$ es divisible entre $x + 3$.

$$
\begin{array}{r|rrrrr}
 & 1 & 2 & -2 & 1 & -6 \\
 &   & -3 & 3 & -3 & 6 \\
\hline
-3 & 1 & -1 & 1 & -2 & \underline{0} \\
\end{array}
$$

$\uparrow$

$x + 3 = 0$

$x = -3$

$\therefore \quad Q = \underline{x^3 - x^2 + x - 2}|$

Ejercicios:

Hallar sin efectuar la división, si son exactas las divisiones siguientes:

1. $x^2 - x - 6$ entre $x - 3$ $\hfill R: f(3) = 0$

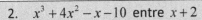

2. $x^3 + 4x^2 - x - 10$ entre $x + 2$ $\hfill R: f(-2) = 0$

3. $2x^4 - 5x^3 + 7x^2 - 9x + 3$ entre $x - 1$ $\hfill R: f(1) = -2$

4. $x^5 + x^4 - 5x^3 - 7x + 8$ entre $x + 3$ $\hfill R: f(-3) = 2$

5. $4x^3 - 8x^2 + 11x - 4$ entre $2x - 1$ $\hfill R : f\left(\frac{1}{2}\right) = 0$

6. $6x^5 + 2x^4 - 3x^3 - x^2 + 3x + 3$ entre $3x + 1$ $\hfill R : f\left(-\frac{1}{3}\right) = 2$

Sin efectuar la división, probar que:

7. $a + 1$ es un factor de $a^3 - 2a^2 + 2a + 5$ $\hfill R : f\left(-1\right) = 0$

8. $x-5$ divide a $x^5-6x^4+6x^3-5x^2+2x-10$ $R: f\left(5\right)=0$

9. $4x-3$ divide a $4x^4-7x^3+7x^2-7x+3$ $R: f\left(\frac{3}{4}\right)=0$

10. $3n+2$ no es un factor de $3n^5+2n^4-3n^3-2n^2+6n+7$ $R: f\left(-\frac{2}{3}\right)=3$

Sin efectuar la división, hallar si las divisiones siguientes son o no exactas y determinar el cociente en cada caso y el residuo, si lo hay:

11. $2a^3 - 2a^2 - 4a + 16$ entre $a + 2$

$R: Q = 2a^2 - 6a + 8, R = 0$

12. $a^4 - a^2 + 2a + 2$ entre $a + 1$

$R: Q = a^3 - a^2 + 2, R = 0$

13. $x^4 + 5x - 6$ entre $x - 1$

$R: Q = x^3 + x^2 + x + 6, R = 0$

14. $x^6 - 39x^4 + 26x^3 - 52x^2 + 29x - 30$ entre $x - 6$ $R: Q = x^5 + 6x^4 - 3x^3 + 8x^2 - 4x + 5, R = 0$

15. $a^6 - 4a^5 - a^4 + 4a^3 + a^2 - 8a + 25$ entre $a - 4$ $R: Q = a^5 - a^3 + a - 4, R = 9$

16. $16x^4 - 24x^3 + 37x^2 - 24x + 4$ entre $4x - 1$ $\qquad R : Q = 4x^3 - 5x^2 + 8x - 4, \ R = 0$

17. $15n^5 + 25n^4 - 18n^3 - 18n^2 + 17n - 11$ entre $3n + 5$ $\qquad R : Q = 5n^4 - 6n^2 + 4n - 1, \ R = -6$

En los ejercicios siguientes, hallar el valor de la constante k (término independiente del polinomio) para que:

18. $7x^2 - 5x + k$ sea divisible por $x - 5$ $R: k = -150$

19. $x^3 - 3x^2 + 4x + k$ sea divisible por $x - 2$ $R: k = -4$

20. $2a^4 + 25a + k$ sea divisible por $a + 3$ $R: k = -87$

21. $20x^3 - 7x^2 + 29x + k$ sea divisible por $4x + 1$ $\hspace{2cm}$ $R: k = 8$

9.   FACTORIZACIÓN

En ocasiones para poder resolver un problema que involucre expresiones algebraicas es conveniente representarlas como productos, cuando esto sea posible se dirá que se ha *factorizado* y presentamos algunos de los casos más comunes en álgebra elemental.

En los siguientes ejercicios se usará la ley distributiva del producto con respecto a la adición y a la sustracción

$$a(b+c-d)=ab+ac-ad$$

Pasar del lado izquierdo al derecho de la igualdad se dice:

"se distribuye a"

Pasar del lado derecho al izquierdo de la igualdad se dice:

"se factoriza a"

o sea, se "saca" el factor común de menor grado.

Factorizar un polinomio:

Caso I. Cuando todos los términos de un polinomio tiene un factor común:

    a.   Factor común que es un Monomio.

Ejemplos:

1. Descomponer en factores $a^2 + 2a$.

$$a^2 + 2a = a^1\left(a^{2-1}+2a^{1-1}\right)=a\left(a^1+2a^0\right)=a\left(a+2(1)\right)=\underset{\substack{\text{Factor}\\\text{Común}}}{a}\ (a+2)=\underline{a(a+2)}$$

Observa que las potencias se restan.
Recuerda que una base con una potencia cero es igual a la unidad, página 63.

2. Descomponer $10b - 30ab^2$.

$$10b - 30ab^2 = \underset{\substack{\text{Máximo}\\\text{Común}\\\text{Divisor}}}{10}\ \underset{\substack{\text{Factor}\\\text{Común}}}{b}\ (1-3ab)=\underline{10b(1-3ab)}$$

10	2
5	5
1	

30	2
15	3
5	5
1	

$$\text{M.C.D.} = 2\times 5 = 10$$

3. Descomponer $10a^2 - 5a + 15a^3$.

$$10a^2 - 5a + 15a^3 = \underset{\substack{\text{Máximo}\\\text{Común}\\\text{Divisor}}}{5}\ \underset{\substack{\text{Factor}\\\text{Común}}}{a}\ \left(2a-1+3a^2\right)=\underline{5a\left(2a-1+3a^2\right)}$$

10	2
5	5
1	

5	5
1	

15	3
5	5
1	

$$\text{M.C.D.} = 5$$

---

4. Descomponer $18mxy^2 - 54m^2x^2y^2 + 36my^2$.

$$18mxy^2 - 54m^2x^2y^2 + 36my^2 = \underbrace{18}_{\substack{\text{Máximo}\\\text{Común}\\\text{Divisor}}}\underbrace{my^2}_{\substack{\text{Factores}\\\text{Comunes}}}\left(x - 3mx^2 + 2\right)$$

$$= 18my^2\left(x - 3mx^2 + 2\right)$$

18	2
9	3
3	3
1	

54	2
27	3
9	3
3	3
1	

36	2
18	2
9	3
3	3
1	

M.C.D. $= 2 \times 3 \times 3 = 18$

5. Factorizar $6xy^3 - 9nx^2y^3 + 12nx^3y^3 + 3n^2x^4y^3$.

$$6xy^3 - 9nx^2y^3 + 12nx^3y^3 + 3n^2x^4y^3 = \underbrace{3}_{\substack{\text{Máximo}\\\text{Común}\\\text{Divisor}}}\underbrace{xy^3}_{\substack{\text{Factores}\\\text{Comunes}}}\left(2 - 3nx + 4nx^2 + n^2x^3\right)$$

$$= 3xy^3\left(2 - 3nx + 4nx^2 + n^2x^3\right)$$

6	2
3	3
1	

9	3
3	3
1	

12	2
6	2
3	3
1	

3	3
1	

M.C.D. $= 3$

Ejercicios:

Factorizar o descomponer en factores

1. $25x^7 - 10x^5 + 15x^3 - 5x^2$ $\qquad R: 5x^2\left(5x^5 - 2x^3 + 3x - 1\right)$

2. $x^{15} - x^{12} + 2x^9 - 3x^6$ $\qquad R: x^6\left(x^9 - x^6 + 2x^3 - 3\right)$

3. $9a^2 - 12ab + 15a^3b^2 - 24ab^3$ $\qquad R: 3a\left(3a - 4b + 5a^2b^2 - 8b^3\right)$

4. $16x^3y^2 - 8x^2y - 24x^4y^2 - 40x^2y^3$

$R: 8x^2y\left(2xy - 1 - 3x^2y - 5y^2\right)$

5. $12m^2n + 24m^3n^2 - 36m^4n^3 + 48m^5n^4$

$R: 12m^2n\left(1 + 2mn - 3m^2n^2 + 4m^3n^3\right)$

6. $100a^2b^3c - 150ab^2c^2 + 50ab^3c^3 - 200abc^2$

$R: 50abc\left(2ab^2 - 3bc + b^2c^2 - 4c\right)$

7. $x^5 - x^4 + x^3 - x^2 + x$

$R: x\left(x^4 - x^3 + x^2 - x + 1\right)$

8. $a^2 - 2a^3 + 3a^4 - 4a^5 + 6a^6$

$R: a^2\left(1 - 2a + 3a^2 - 4a^3 + 6a^4\right)$

9. $3a^2b + 6ab - 5a^3b^2 + 8a^2bx + 4ab^2m$

$R: ab\left(3a + 6 - 5a^2b + 8ax + 4bm\right)$

10. $a^{20} - a^{16} + a^{12} - a^8 + a^4 - a^2$

$R: a^2\left(a^{18} - a^{14} + a^{10} - a^6 + a^2 - 1\right)$

11. $a^6 - 3a^4 + 8a^3 - 4a^2$

$R: a^2\left(a^4 - 3a^2 + 8a - 4\right)$

12. $x - x^2 + x^3 - x^4$

$R: x\left(1 - x + x^2 - x^3\right)$

13. $93a^3x^2y - 62a^2x^3y^2 - 124a^2x$ $R: 31a^2x\left(3axy - 2x^2y^2 - 4\right)$

14. $55m^2n^3x + 110m^2n^3x^2 - 220m^2y^3$ $R: 55m^2\left(n^3x + 2n^3x^2 - 4y^3\right)$

15. $a^2b^2c^2 - a^2c^2x^2 + a^2c^2y^2$ $R: a^2c^2\left(b^2 - x^2 + y^2\right)$

16. $96 - 48mn^2 + 144n^3$ $R: 48\left(2 - mn^2 + 3n^3\right)$

17. $34ax^2 + 51a^2y - 68ay^2$ $\qquad R: 17a\left(2x^2 + 3ay - 4y^2\right)$

18. $14x^2y^2 - 28x^3 + 56x^4$ $\qquad R: 14x^2\left(y^2 - 2x + 4x^2\right)$

19. $x^3 + x^5 - x^7$ $\qquad R: x^3\left(1 + x^2 - x^4\right)$

20. $2a^2x + 2ax^2 - 3ax$ $\qquad R: ax\left(2a + 2x - 3\right)$

b. Factor común que es un Polinomio:

En esta serie de problemas, debemos factorizar un polinomio, que sin embargo sigue la misma idea que los anteriores problemas, es decir, se aplica la ley distributiva y asociativa.

Ejemplos:

1. Descomponer $x(a+b)+m(a+b)$.

$$x(a+b)+m(a+b)=x\underbrace{(a+b)}_{A}+m\underbrace{(a+b)}_{A}=xA+mA=A(x+m)=\underline{(a+b)(x+m)}$$

2. Descomponer $2x(a-1)-y(a-1)$.

$$2x(a-1)-y(a-1)=2x\underbrace{(a-1)}_{A}-y\underbrace{(a-1)}_{A}=2xA-yA=A(2x-y)=\underline{(a-1)(2x-y)}$$

3. Descomponer $m(x+2)+x+2$.

$$m(x+2)+x+2=m\underbrace{(x+2)}_{A}+\underbrace{(x+2)}_{A}=mA+A=A(m+1)=\underline{(x+2)(m+1)}$$

4. Descomponer $a(x+1)-x-1$.

$$a(x+1)-x-1=a\underbrace{(x+1)}_{A}-\underbrace{(x+1)}_{A}=aA-A=A(a-1)=\underline{(x+1)(a-1)}$$

5. Factorizar $2x(x+y+z)-x-y-z$.

$$2x(x+y+z)-x-y-z=2x\underbrace{(x+y+z)}_{A}-\underbrace{(x+y+z)}_{A}=2xA-A=A(2x-1)=\underline{(x+y+z)(2x-1)}$$

6. Factorizar $(x-a)(y+2)+b(y+2)$.

$$(x-a)(y+2)+b(y+2)=\underbrace{(x-a)}_{B}\underbrace{(y+2)}_{A}+b\underbrace{(y+2)}_{A}=BA+bA=A(B+b)$$

$$=(y+2)\big[(x-a)+b\big]=\underline{(y+2)(x-a+b)}$$

7. Descomponer $(x+2)(x-1)-(x-1)(x-3)$.

$$(x+2)(x-1)-(x-1)(x-3)=\underbrace{(x+2)}_{B}\underbrace{(x-1)}_{A}-\underbrace{(x-1)}_{A}\underbrace{(x-3)}_{C}=BA-AC=A(B-C)$$

$$=(x-1)\big[(x+2)-(x-3)\big]=(x-1)(x+2-x+3)=\underline{5(x-1)}$$

8. Factorizar $x(a-1)+y(a-1)-a+1$.

$$x(a-1)+y(a-1)-a+1=x\underbrace{(a-1)}_{A}+y\underbrace{(a-1)}_{A}-\underbrace{(a-1)}_{A}=xA+yA-A=A(x+y-1)=\underline{(a-1)(x+y-1)}$$

Ejercicios:

Factorizar o descomponer en factores

1. $2(x-1)+y(x-1)$ $R:(x-1)(2+y)$

2. $m(a-b)+(a-b)n$ $R:(a-b)(m+n)$

3. $a(n+2)+n+2$ $R:(n+2)(a+1)$

4. $x(a+1)-a-1$ $R:(a+1)(x-1)$

5. $3x(x-2)-2y(x-2)$ $R:(x-2)(3x-2y)$

6. $1-x+2a(1-x)$ $R:(1-x)(1+2a)$

7. $-m-n+x(m+n)$ $R:(m+n)(x-1)$

8. $a^3(a-b+1)-b^2(a-b+1)$ $R:(a-b+1)(a^3-b^2)$

9. $x(2a+b+c)-2a-b-c$ $R:(2a+b+c)(x-1)$

10. $(x+y)(n+1)-3(n+1)$ $R:(n+1)(x+y-3)$

11. $(a+3)(a+1)-4(a+1)$ $R:(a+1)(a-1)$

12. $(x^2+2)(m-n)+2(m-n)$ $R:(m-n)(x^2+4)$

13. $5x(a^2+1)+(x+1)(a^2+1)$ $R:(a^2+1)(6x+1)$

14. $(a+b)(a-b)-(a-b)(a-b)$ $R:2b(a-b)$

15. $(x+m)(x+1)-(x+1)(x-n)$ $R:(x+1)(m+n)$

16. $(x-3)(x-4)+(x-3)(x+4)$ $R: 2x(x-3)$

17. $(a+b-c)(x-3)-(b-c-a)(x-3)$ $R: 2a(x-3)$

18. $3x(x-1)-2y(x-1)+z(x-1)$ $R:(x-1)(3x-2y+z)$

19. $(3x+2)(x+y-z)-(3x+2)-(x+y-1)(3x+2)$ $R:-z(3x+2)$

20. $(1+3a)(x+1)-2a(x+1)+3(x+1)$ $R:(x+1)(a+4)$

Caso II. Factor común por agrupación de términos:

En esta serie de problemas, debemos de aplicar los dos tipos de factorización anteriores y el tema de agrupación de términos.

Ejemplos:

1. Descomponer $ax + bx + ay + by$.

Existen polinomios que se pueden agrupar de varias maneras como en este ejemplo.

- Forma 1.

$$\underbrace{ax + bx}_{\text{Se factoriza } x} + \underbrace{ay + by}_{\text{Se factoriza } y} = x\underbrace{(a+b)}_{A} + y\underbrace{(a+b)}_{A}$$

$$= xA + yA = A(x+y)$$

$$= \underline{(a+b)(x+y)}$$

- Forma 2.

Reordenamos el polinomio

$$\underbrace{ax + ay}_{\text{Se factoriza } a} + \underbrace{bx + by}_{\text{Se factoriza } b} = a\underbrace{(x+y)}_{A} + b\underbrace{(x+y)}_{A}$$

$$= aA + bA = A(a+b)$$

$$= \underline{(x+y)(a+b)}$$

En los siguientes ejemplos solo se realizara de una manera, entendiéndose que se pueden agrupar de varias maneras, ya que el resultado siempre va a ser el mismo.

2. Factorizar $3m^2 - 6mn + 4m - 8n$.

$$\underbrace{3m^2 - 6mn}_{\text{Grupo 1}} + \underbrace{4m - 8n}_{\text{Grupo 2}} = 3m\underbrace{(m - 2n)}_{A} + 4\underbrace{(m - 2n)}_{A}$$

$$= 3mA + 4A = A(3m + 4)$$

$$= \underline{(m - 2n)(3m + 4)}$$

M.C.D. $= 3$ M.C.D. $= 2 \times 2 = 4$

3. Descomponer $2x^2 - 3xy - 4x + 6y$.

$$2x^2 - 3xy - \underbrace{4x + 6y}_{\text{Grupo 1}} = x\underbrace{(2x - 3y)}_{A} - 2\underbrace{(2x - 3y)}_{A}$$

$$= xA - 2A = A(x - 2)$$

$$= \underline{(2x - 3y)(x - 2)}$$

M.C.D. $= 2$

4. Descomponer $x + z^2 - 2ax - 2az^2$.

$$x + z^2 - 2ax - 2az^2 = \underbrace{(x + z^2)}_{A} - 2a\underbrace{(x + z^2)}_{A} = A - 2aA = A(1 - 2a) = \underline{(x + z^2)(1 - 2a)}$$

5. Factorizar $3ax - 3x + 4y - 4ay$.

$$3ax - 3x + 4y - 4ay = 3ax - 3x - 4ay + 4y = 3x\underbrace{(a-1)}_{A} - 4y\underbrace{(a-1)}_{A} = 3xA - 4yA = A(3x - 4y) = \boxed{(a-1)(3x-4y)}$$

6. Factorizar $ax - ay + az + x - y + z$.

$$ax - ay + az + x - y + z = a\underbrace{(x - y + z)}_{A} + \underbrace{(x - y + z)}_{A} = aA + A = A(a+1) = \boxed{(x-y+z)(a+1)}$$

7. Descomponer $a^2 x - ax^2 - 2a^2 y + 2axy + x^3 - 2x^2 y$.

$$a^2 x - ax^2 - 2a^2 y + 2axy + x^3 - 2x^2 y = a^2 x - ax^2 + x^3 - 2a^2 y + 2axy - 2x^2 y$$

$$= x\underbrace{\left(a^2 - ax + x^2\right)}_{A} - 2y\underbrace{\left(a^2 - ax + x^2\right)}_{A}$$

$$= xA - 2yA = A(x - 2y) = \boxed{\left(a^2 - ax + x^2\right)(x - 2y)}$$

Ejercicios:

Factorizar o descomponer en factores

1. $ax - 2bx - 2ay + 4by$ $\hfill R: (a - 2b)(x - 2y)$

2. $a^2 x^2 - 3bx^2 + a^2 y^2 - 3by^2$ $\hfill R: \left(a^2 - 3b\right)\left(x^2 + y^2\right)$

3. $x^2 - a^2 + x - a^2 x$ $\hfill R: (x + 1)\left(x - a^2\right)$

4. $4a^3 - 1 - a^2 + 4a$ $R:\left(a^2 + 1\right)\left(4a - 1\right)$

5. $3abx^2 - 2y^2 - 2x^2 + 3aby^2$ $R:\left(x^2 + y^2\right)\left(3ab - 2\right)$

6. $3a - b^2 + 2b^2x - 6ax$ $R:\left(3a - b^2\right)\left(1 - 2x\right)$

7. $6ax + 3a + 1 + 2x$ $R:\left(2x + 1\right)\left(3a + 1\right)$

8. $3x^3 - 9ax^2 - x + 3a$ $R:\left(x - 3a\right)\left(3x^2 - 1\right)$

9. $2x^2y + 2xz^2 + y^2z^2 + xy^3$ $R: \left(xy + z^2\right)\left(2x + y^2\right)$

10. $6m - 9n + 21nx - 14mx$ $R: (2m - 3n)(3 - 7x)$

11. $1 + a + 3ab + 3b$ $R: (a + 1)(1 + 3b)$

12. $4am^3 - 12amn - m^2 + 3n$ $R: \left(m^2 - 3n\right)(4am - 1)$

13. $3 - x^2 + 2abx^2 - 6ab$ $R: \left(3 - x^2\right)(1 - 2ab)$

14. $a^3 + a^2 + a + 1$

$R:(a+1)(a^2+1)$

15. $2am - 2an + 2a - m + n - 1$

$R:(m-n+1)(2a-1)$

16. $3ax - 2by - 2bx - 6a + 3ay + 4b$

$R:(3a-2b)(x+y-2)$

17. $3a^3 - 3a^2b + 9ab^2 - a^2 + ab - 3b^2$

$R:(a^2-ab+3b^2)(3a-1)$

18. $2x^3 - nx^2 + 2xz^2 - nz^2 - 3ny^2 + 6xy^2$

$R:(2x-n)(x^2+z^2+3y^2)$

19. $3x^3 + 2axy + 2ay^2 - 3xy^2 - 2ax^2 - 3x^2y$

$R:(x^2-xy-y^2)(3x-2a)$

20. $a^2b^3 - n^4 + a^2b^3x^2 - n^4x^2 - 3a^2b^3x + 3n^4x$

$R:(1+x^2-3x)(a^2b^3-n^4)$

Caso III. Trinomio que es un cuadrado perfecto:

En esta serie de problemas, aplicaremos la regla de un trinomio que es un cuadrado perfecto. Se sabe que $(a+b)^2 = a^2 + 2ab + b^2$, como ya se estudió el lado izquierdo de la igualdad se llama *trinomio que es un cuadrado perfecto*, ya que se puede escribir como el cuadrado de una suma. Cada vez que detectemos un trinomio cuadrado perfecto podemos aplicar esta igualdad. Para detectar si un trinomio es un cuadrado perfecto, primero se ordena en orden decreciente, después se toman los extremos y se obtienen sus raíces, es decir, $\sqrt{a^2} = a$ y $\sqrt{b^2} = b$ y después se comprueba que su doble producto sea igual al término $2ab$, y si es igual, entonces si es un trinomio que es un cuadrado perfecto, y si se cumple lo anterior solo falta comprobar que el orden de los signos sea el correcto, es decir,

$$(a+b)^2 = a^2 + 2ab + b^2 \rightarrow a^2 + 2ab + b^2 = (a+b)^2$$
$$(a-b)^2 = a^2 - 2ab + b^2 \rightarrow a^2 - 2ab + b^2 = (a-b)^2$$

Y este procedimiento se ilustra en los siguientes ejemplos.

Ejemplos:

1. Factorizar $m^2 + 2m + 1$.

$$m^2 + 2m + 1 = \underbrace{m^2}_{\substack{a^2=m^2 \\ a=\sqrt{m^2} \\ a=m}} \quad \underbrace{+2m}_{\substack{2ab \\ =2(m)(1) \\ =2m}} + \underbrace{1}_{\substack{b^2=1 \\ b=\sqrt{1} \\ b=1}} = (a+b)^2 = \underline{(m+1)^2}$$

2. Descomponer $4x^2 + 25y^2 - 20xy$.

Primero ordenamos el polinomio en orden decreciente, y en este caso se tienen dos maneras de resolverlo, como se ve a continuación:

- Forma 1.

$$4x^2 + 25y^2 - 20xy = \underbrace{4x^2}_{a=2x} \quad \underbrace{-20xy}_{\substack{2ab \\ =2(2x)(-5y) \\ -20xy}} \underbrace{+25y^2}_{b=-5y} = (a+b)^2$$

$$= \left[2x + (-5y)\right] = \underline{(2x-5y)^2}$$

- Forma 2.

$$4x^2 + 25y^2 - 20xy = \underbrace{25y^2}_{a=5y} \quad \underbrace{-20xy}_{\substack{2ab \\ =2(5y)(-2x) \\ =-20xy}} \underbrace{+4x^2}_{b=-2x} = (a+b)^2$$

$$= \left[5y + (-2x)\right] = \underline{(5y-2x)^2}$$

Como se puede ver en este caso $(2x-5y)^2 = (5y-2x)^2$. A partir de este momento solo obtendremos una de las dos formas.

3. Descomponer $1 - 16ax^2 + 64a^2x^4$.

$$1 - 16ax^2 + 64a^2x^4 = \underbrace{1}_{a_1=1} \quad \underbrace{-16ax^2}_{\substack{2a_1b_1 \\ =2(1)(-8ax^2) \\ =-16ax^2}} \underbrace{+64a^2x^4}_{b_1=-8ax^2} = (a_1+b_1)^2 = \left[1 + (-8ax^2)\right] = \underline{(1-8ax^2)^2}$$

4. Factorizar $x^2 + bx + \dfrac{b^2}{4}$.

$$x^2 + bx + \frac{b^2}{4} = \underbrace{x^2}_{a_1 = x} \quad \underbrace{+bx}_{\substack{2a_1b_1 \\ =2(x)\left(\frac{b}{2}\right) \\ =bx}} + \underbrace{\frac{b^2}{4}}_{b_1=\frac{b}{2}} = (a_1 + b_1)^2 = \left|\left(x + \frac{b}{2}\right)\right|^2$$

5. Factorizar $\dfrac{1}{4} - \dfrac{b}{3} + \dfrac{b^2}{9}$.

$$\frac{1}{4} - \frac{b}{3} + \frac{b^2}{9} = \underbrace{\frac{1}{4}}_{a_1=\frac{1}{2}} \quad \underbrace{-\frac{b}{3}}_{\substack{2a_1b_1 \\ =2\left(\frac{1}{2}\right)\left(-\frac{b}{3}\right) \\ =-\frac{b}{3}}} + \underbrace{\frac{b^2}{9}}_{b_1=-\frac{b}{3}} = (a_1 - b_1)^2 = \left[\frac{1}{2} + \left(-\frac{b}{3}\right)\right] = \left|\left(\frac{1}{2} - \frac{b}{3}\right)^2\right|$$

Caso especial de caso III:

6. Descomponer $a^2 + 2a(a-b) + (a-b)^2$.

$$a^2 + 2a(a-b) + (a-b)^2 = \underbrace{a^2}_{a_1=a} \quad \underbrace{+2a(a-b)}_{\substack{2a_1b_1 \\ =2(a)(a-b) \\ =2a(a-b)}} + \underbrace{(a-b)^2}_{b_1=(a-b)} = (a_1+b_1)^2 = \left[a + (a+b)\right]^2 = (a+a+b)^2 = \left|(2a+b)^2\right|$$

7. Factorizar $(x+y)^2 - 2(x+y)(a+x) + (a+x)^2$.

$$(x+y)^2 - 2(x+y)(a+x) + (a+x)^2 = \underbrace{(x+y)^2}_{a_1=(x+y)} \quad \underbrace{-2(x+y)(a+x)}_{\substack{2a_1b_1 \\ =2(x+y)[-(a+x)] \\ =-2(x+y)(a+x)}} + \underbrace{(a+x)^2}_{b_1=-(a+x)} = (a_1+b_1)^2 = \left[(x+y) + \{-(a+x)\}\right]^2$$

$$= \left[(x+y) - (a+x)\right]^2 = (x+y-a-x)^2 = \left|(y-a)^2\right|$$

Ejercicios:
Factorizar o descomponer en factores

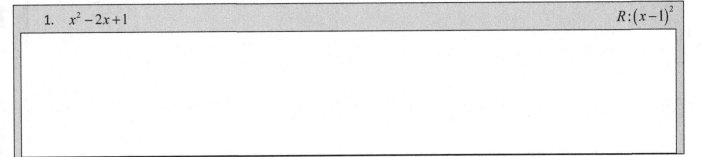

1. $x^2 - 2x + 1$ $R : (x-1)^2$

2. $y^4 + 1 + 2y^2$ $R:\left(y^2 + 1\right)^2$

3. $9 - 6x + x^2$ $R:\left(3 - x\right)^2$

4. $16 + 40x^2 + 25x^4$ $R:\left(4 + 5x^2\right)^2$

5. $36 + 12m^2 + m^4$ $R:\left(6 + m^2\right)^2$

6. $1 - 2a^3 + a^6$ $R:\left(1 - a^3\right)^2$

7. $a^6 - 2a^3b^3 + b^6$

$R:\left(a^3 - b^3\right)^2$

8. $4x^2 - 12xy + 9y^2$

$R:\left(2x - 3y\right)^2$

9. $1 + 14x^2y + 49x^4y^2$

$R:\left(1 + 7x^2y\right)^2$

10. $1 + a^{10} - 2a^5$

$R:\left(1 - a^5\right)^2$

11. $100x^{10} - 60a^4x^5y^6 + 9a^8y^{12}$

$R:\left(10x^5 - 3a^4y^6\right)^2$

12. $121 + 198x^6 + 81x^{12}$

$R: \left(11 + 9x^6\right)^2$

13. $16 - 104x^2 + 169x^4$

$R: \left(4 - 13x^2\right)^2$

14. $400x^{10} + 40x^5 + 1$

$R: \left(20x^5 + 1\right)^2$

15. $1 + \dfrac{2b}{3} + \dfrac{b^2}{9}$

$R: \left(1 + \dfrac{b}{3}\right)^2$

16. $a^4 - a^2b^2 + \dfrac{b^4}{4}$

$R: \left(a^2 - \dfrac{b^2}{2}\right)^2$

17. $16x^6 - 2x^3y^2 + \dfrac{y^4}{16}$ $R : \left(4x^3 - \dfrac{y^2}{4}\right)^2$

18. $4 - 4(1-a) + (1-a)^2$ $R : (1+a)^2$

19. $(a+x)^2 - 2(a+x)(x+y) + (x+y)^2$ $R : (a-y)^2$

20. $9(x-y)^2 + 12(x-y)(x+y) + 4(x+y)^2$ $R : (5x-y)^2$

Caso IV. Diferencia de cuadrados:

En esta serie de problemas, aplicaremos la fórmula de diferencia de cuadrados $a^2 - b^2 = (a+b)(a-b)$. Se obtienen las raíces de los términos, es decir, $\sqrt{a^2} = a$ y $\sqrt{b^2} = b$ y los valores obtenidos se aplican en la fórmula.

$$(a+b)(a-b) = a^2 - b^2 \rightarrow a^2 - b^2 = (a+b)(a-b)$$

Ejemplos:

1. Factorizar $1 - a^2$.

$$1 - a^2 = \underset{\substack{a_1^2=1 \\ a_1=\sqrt{1} \\ a_1=1}}{1} - \underset{\substack{b_1^2=a^2 \\ b_1=\sqrt{a^2} \\ b_1=a}}{a^2} = (a_1 - b_1)(a_1 + b_1) = \underline{(1-a)(1+a)}$$

2. Descomponer $16x^2 - 25y^4$.

$$16x^2 - 25y^4 = \underset{a=4x}{\underline{16x^2}} - \underset{b=5y^2}{\underline{25y^4}} = (a+b)(a-b) = \underline{(4x+5y^2)(4x-5y^2)}$$

3. Factorizar $49x^2y^6z^{10} - a^{12}$.

$$49x^2y^6z^{10} - a^{12} = \underset{a_1=7xy^3z^5}{\underline{49x^2y^6z^{10}}} - \underset{b_1=a^6}{\underline{a^{12}}} = (a_1 - b_1)(a_1 + b_1) = \underline{(7xy^3z^5 - a^6)(7xy^3z^5 + a^6)}$$

4. Descomponer $\dfrac{a^2}{4} - \dfrac{b^2}{9}$.

$$\frac{a^2}{4} - \frac{b^2}{9} = \underset{a_1=\frac{a}{2}}{\underbrace{\frac{a^2}{4}}} - \underset{b_1=\frac{b}{3}}{\underbrace{\frac{b^2}{9}}} = (a_1 + b_1)(a_1 - b_1) = \underline{\left(\frac{a}{2} + \frac{b}{3}\right)\left(\frac{a}{2} - \frac{b}{3}\right)}$$

5. Factorizar $a^{2n} - 9b^{4m}$.

$$a^{2n} - 9b^{4m} = \underset{a_1=a^n}{\underline{a^{2n}}} - \underset{b_1=3b^{2m}}{\underline{9b^{4m}}} = (a_1 - b_1)(a_1 + b_1) = \underline{(a^n - 3b^{2m})(a^n + 3b^{2m})}$$

Ejercicios:
Factorizar o descomponer en factores

1. $a^2 - 4$	$R: (a-2)(a+2)$

2. $9 - b^2$ $R:(3-b)(3+b)$

3. $16 - n^2$ $R:(4+n)(4-n)$

4. $a^2 - 25$ $R:(a+5)(a-5)$

5. $4a^2 - 9$ $R:(2a+3)(2a-3)$

6. $25 - 36x^4$ $R:(5-6x^2)(5+6x^2)$

7. $4x^2 - 81y^4$ $R:(2x-9y^2)(2x+9y^2)$

8. $a^2b^8 - c^2$

$$R:\left(ab^4 - c\right)\left(ab^4 + c\right)$$

9. $a^{10} - 49b^{12}$

$$R:\left(a^5 - 7b^6\right)\left(a^5 + 7b^6\right)$$

10. $25x^2y^4 - 121$

$$R:\left(5xy^2 - 11\right)\left(5xy^2 + 11\right)$$

11. $a^2m^4n^6 - 144$

$$R:\left(am^2n^3 + 12\right)\left(am^2n^3 - 12\right)$$

12. $196x^2y^4 - 225z^{12}$

$$R:\left(14xy^2 - 15z^6\right)\left(14xy^2 + 15z^6\right)$$

13. $1 - 9a^2b^4c^6d^8$

$$R:\left(1 - 3ab^2c^3d^4\right)\left(1 + 3ab^2c^3d^4\right)$$

14. $1 - \dfrac{a^2}{25}$ $R: \left(1 - \dfrac{a}{5}\right)\left(1 + \dfrac{a}{5}\right)$

15. $\dfrac{x^2}{100} - \dfrac{y^2 z^4}{81}$ $R: \left(\dfrac{x}{10} - \dfrac{yz^2}{9}\right)\left(\dfrac{x}{10} + \dfrac{yz^2}{9}\right)$

16. $a^{2n} - b^{2n}$ $R: \left(a^n - b^n\right)\left(a^n + b^n\right)$

17. $4x^{2n} - \dfrac{1}{9}$ $R: \left(2x^n - \dfrac{1}{3}\right)\left(2x^n + \dfrac{1}{3}\right)$

18. $16x^{6m} - \dfrac{y^{2n}}{49}$ $R: \left(4x^{3m} - \dfrac{y^n}{7}\right)\left(4x^{3m} + \dfrac{y^n}{7}\right)$

19. $49a^{10n} - \dfrac{b^{12x}}{81}$ $R: \left(7a^{5n} - \dfrac{b^{6x}}{9}\right)\left(7a^{5n} + \dfrac{b^{6x}}{9}\right)$

20. $\dfrac{1}{100} - x^{2n}$ $R: \left(\dfrac{1}{10} - x^n\right)\left(\dfrac{1}{10} + x^n\right)$

Caso especial del caso IV:

Ejemplos:

1. Factorizar $(a+b)^2 - c^2$.

$$(a+b)^2 - c^2 = \underbrace{(a+b)^2}_{a_1=(a+b)} - \underbrace{c^2}_{b_1=c} = (a_1 - b_1)(a_1 + b_1) = \left[(a+b)-c\right]\left[(a+b)+c\right] = \underline{(a+b-c)(a+b+c)}$$

2. Descomponer $4x^2 - (x+y)^2$.

$$4x^2 - (x+y)^2 = \underbrace{4x^2}_{a=2x} - \underbrace{(x+y)^2}_{b=(x+y)} = (a+b)(a-b) = \left[2x+(x+y)\right]\left[2x-(x+y)\right] = (2x+x+y)(2x-x-y)$$

$$= \underline{(3x+y)(x-y)}$$

3. Factorizar $(a+x)^2 - (x+2)^2$.

$$(a+x)^2 - (x+2)^2 = \underbrace{(a+x)^2}_{a_1=(a+x)} - \underbrace{(x+2)^2}_{b_1=(x+2)} = (a_1 - b_1)(a_1 + b_1) = \left[(a+x)-(x+2)\right]\left[(a+x)+(x+2)\right]$$

$$= (a+x-x-2)(a+x+x+2) = \underline{(a-2)(a+2x+2)}$$

Ejercicios:
Descomponer en factores y simplificar si es posible.

1. $9-(m+1)^2$ $R:(2-m)(4+m)$

2. $(m-n)^2-16$ $R:(m-n-4)(m-n+4)$

3. $(a+2b)^2-1$ $R:(a+2b-1)(a+2b+1)$

4. $1-(x-2y)^2$ $R:(1-x+2y)(1+x-2y)$

5. $(a+b)^2-(c-d)^2$ $R:(a+b-c+d)(a+b+c-d)$

6. $(a-b)^2-(c-d)^2$ $R:(a-b-c+d)(a-b+c-d)$

7. $64m^2-(m-2n)^2$ $R:(7m+2n)(9m-2n)$

8. $(a-2b)^2-(x+y)^2$ $R:(a-2b-x-y)(a-2b+x+y)$

9. $(x+1)^2 - 4x^2$ $R:(1-x)(1+3x)$

10. $36x^2 - (a+3x)^2$ $R:(3x-a)(9x+a)$

11. $(a-1)^2 - (m-2)^2$ $R:(a+m-3)(a-m+1)$

12. $(2x-3)^2 - (x-5)^2$ $R:(x+2)(3x-8)$

13. $(7x+y)^2 - 81$

$R:(7x+y-9)(7x+y+9)$

14. $m^6 - (m^2-1)^2$

$R:(m^3 - m^2 + 1)(m^3 + m^2 - 1)$

15. $(x-y)^2 - (c+d)^2$

$R:(x-y-c-d)(x-y+c+d)$

16. $(2a+b-c)^2 - (a+b)^2$

$R:(a-c)(3a+2b-c)$

17. $x^2 - (y-x)^2$ $R: y(2x-y)$

18. $(2x+1)^2 - (x+4)^2$ $R: (x-3)(3x+5)$

19. $25(x-y)^2 - 4(x+y)^2$ $R: (3x-7y)(7x-3y)$

20. $36(m+n)^2 - 121(m-n)^2$ $R: (17n-5m)(17m-5n)$

Casos especiales: Combinación de los casos III y IV.

Los ejemplos siguientes muestran cómo se pueden factorizar fácilmente muchas expresiones algebraicas combinado un trinomio que es un cuadrado perfecto y una diferencia de cuadrados.

Ejemplos:

1. Factorizar $a^2 + 2ab + b^2 - 1$.

$$a^2 + 2ab + b^2 - 1 = \underbrace{a^2}_{a_1=a} \underbrace{+2ab}_{\substack{2a_1b_1 \\ =2(a)(b) \\ =2ab}} + \underbrace{b^2}_{b_1=b} - 1 = \left(a_1 + b_1\right)^2 - 1 = \underbrace{\left(a+b\right)^2}_{a_2=(a+b)} - \underbrace{1}_{b_2=1} = \left(a_2 + b_2\right)\left(a_2 - b_2\right)$$

$$= \left[\left(a+b\right)+1\right]\left[\left(a+b\right)-1\right] = \underline{\left(a+b+1\right)\left(a+b-1\right)}$$

2. Descomponer $a^2 + m^2 - 4b^2 - 2am$.

$$a^2 + m^2 - 4b^2 - 2am = \underbrace{a^2}_{a_1=a} \underbrace{-2am}_{\substack{2a_1b_1 \\ =2(a)(-m) \\ =-2am}} + \underbrace{m^2}_{b_1=-m} - 4b^2 = \left(a_1 + b_1\right)^2 - 4b^2 = \left[a+\left(-m\right)\right]^2 - 4b^2 = \underbrace{\left(a-m\right)^2}_{a_2=(a-m)} - \underbrace{4b^2}_{b_2=2b}$$

$$= \left(a_2 + b_2\right)\left(a_2 - b_2\right) = \left[\left(a-m\right)+2b\right]\left[\left(a-m\right)-2b\right] = \underline{\left(a-m+2b\right)\left(a-m-2b\right)}$$

3. Factorizar $9a^2 - x^2 + 2x - 1$.

$$9a^2 - x^2 + 2x - 1 = 9a^2 - \underbrace{x^2}_{a_1=x} \underbrace{-2x}_{\substack{2a_1b_1 \\ =2(x)(-1) \\ =-2x}} + \underbrace{1}_{b_1=-1} = 9a^2 - \left(a_1 + b_1\right)^2 = 9a^2 - \left[x+\left(-1\right)\right]^2 = \underbrace{9a^2}_{a_2=3a} - \underbrace{\left(x-1\right)^2}_{b_2=(x-1)}$$

$$= \left(a_2 - b_2\right)\left(a_2 + b_2\right) = \left[3a-\left(x-1\right)\right]\left[3a+\left(x-1\right)\right] = \underline{\left(3a-x+1\right)\left(3a+x-1\right)}$$

4. Descomponer $4x^2 - a^2 + y^2 - 4xy + 2ab - b^2$.

$$4x^2 - a^2 + y^2 - 4xy + 2ab - b^2 = \underbrace{4x^2}_{a_1=2x} \underbrace{-4xy}_{\substack{2a_1b_1 \\ =2(2x)(-y) \\ =-4xy}} + \underbrace{y^2}_{b_1=-y} - \underbrace{a^2}_{a_2=a} \underbrace{-2ab}_{\substack{2a_2b_2 \\ =2(a)(-b) \\ =-2ab}} + \underbrace{b^2}_{b_2=-b} = \left(a_1 + b_1\right)^2 - \left(a_2 + b_2\right)^2$$

$$= \left[2x+\left(-y\right)\right]^2 - \left[a+\left(-b\right)\right]^2 = \underbrace{\left(2x-y\right)^2}_{a_3=(2x-y)} - \underbrace{\left(a-b\right)^2}_{b_3=(a-b)} = \left(a_3 + b_3\right)\left(a_3 - b_3\right)$$

$$= \left[\left(2x-y\right)+\left(a-b\right)\right]\left[\left(2x-y\right)-\left(a-b\right)\right] = \underline{\left(2x-y+a-b\right)\left(2x-y-a+b\right)}$$

5. Factorizar $a^2 - 9n^2 - 6mn + 10ab + 25b^2 - m^2$.

$$a^2 - 9n^2 - 6mn + 10ab + 25b^2 - m^2 = \underbrace{a^2}_{a_1=a} \underbrace{+10ab}_{\substack{2a_1b_1 \\ =2(a)(5b) \\ =10ab}} + \underbrace{25b^2}_{b_1=5b} - \underbrace{9n^2}_{a_2=3n} \underbrace{+6mn}_{\substack{2a_2b_2 \\ =2(3n)(m) \\ =6mn}} + \underbrace{m^2}_{b_2=m} = \left(a_1 + b_1\right)^2 - \left(a_2 + b_2\right)^2 \mathbb{S}$$

$$= \underbrace{\left(a+5b\right)^2}_{a_3=(a+5b)} - \underbrace{\left(3n+m\right)^2}_{b_3=(3n+m)} = \left(a_3 - b_3\right)\left(a_3 + b_3\right) = \left[\left(a+5b\right)-\left(3n+m\right)\right]\left[\left(a+5b\right)+\left(3n+m\right)\right]$$

$$= \underline{\left(a+5b-3n-m\right)\left(a+5b+3n+m\right)}$$

Ejercicios:
Descomponer en factores.

1. $m^2 + 2mn + n^2 - 1$ $R:(m+n-1)(m+n+1)$

2. $a^2 - 2a + 1 - b^2$ $R:(a+b-1)(a-b-1)$

3. $a^2 + x^2 + 2ax - 4$ $R:(a+x-2)(a+x+2)$

4. $a^2 + 4 - 4a - 9b^2$ $R:(a-3b-2)(a+3b-2)$

5. $a^2 - 6ay + 9y^2 - 4x^2$ $R:(a-3y-2x)(a-3y+2x)$

6. $4x^2 + 25y^2 - 36 + 20xy$ $R:(2x+5y-6)(2x+5y+6)$

7. $1 + 64a^2b^2 - x^4 - 16ab$ $R:(1-8ab-x^2)(1-8ab+x^2)$

8. $a^2 - b^2 - 2bc - c^2$ $R:(a-b-c)(a+b+c)$

9. $m^2 - x^2 - 2xy - y^2$ $R:(m-x-y)(m+x+y)$

10. $c^2 - a^2 + 2a - 1$ $R:(c-a+1)(c+a-1)$

11. $4a^2 - x^2 + 4x - 4$ $R:(2a-x+2)(2a+x-2)$

12. $9x^2 - a^2 - 4m^2 + 4am$ $R:(3x-a+2m)(3x+a-2m)$

13. $49x^4 - 25x^2 - 9y^2 + 30xy$

$R: \left(7x^2 - 5x + 3y\right)\left(7x^2 + 5x - 3y\right)$

14. $a^2 + 4b^2 + 4ab - x^2 - 2ax - a^2$

$R: \left(2b - x\right)\left(2a + 2b + x\right)$

15. $9x^2 + 4y^2 - a^2 - 12xy - 25b^2 - 10ab$

$R: \left(3x - 2y - a - 5b\right)\left(3x - 2y + a + 5b\right)$

16. $16a^2 - 1 - 10m + 9x^2 - 24ax - 25m^2$ $R:(4a-3x-5m-1)(4a-3x+5m+1)$

17. $225a^2 - 169b^2 + 1 + 30a + 26bc - c^2$ $R:(15a+1-13b+c)(15a+1+13b-c)$

18. $4a^2 - 9x^2 + 49b^2 - 30xy - 25y^2 - 28ab$ $R:(2a-7b-3x-5y)(2a-7b+3x+5y)$

19. $x^2 - y^2 + 4 + 4x - 1 - 2y$ $\qquad\qquad R:(x-y+1)(x+y+3)$

20. $a^2 - 16 - x^2 + 36 + 12a - 8x$ $\qquad\qquad R:(a-x+2)(a+x+10)$

Caso V. Trinomio cuadrado perfecto por adición y sustracción:

Existen algunos trinomios, en los cuales su primer y tercer términos son cuadrados (tienen raíz cuadrada), pero su segundo términos no es el doble producto de sus raíces cuadradas.

Para que un trinomio de estos se convierta en un trinomio cuadrado perfecto, se debe sumar y restar un mismo número (semejante al segundo término) para que el segundo término sea el doble producto de las raíces cuadradas del primer y último término. A este proceso se le denomina *completar cuadrados*.

Para factorizar un trinomio cuadrado perfecto por adición y sustracción, se completan cuadrados y se factoriza la expresión, primero como un trinomio cuadrado perfecto y después, como una diferencia de cuadrados.

En el primer ejemplo se detalla el proceso para lograr la factorización, mientras que en los ejemplos restantes se omitirán algunos detalles. En varios problemas se puede lograr la factorización siguiendo dos rutas, en otros solo una, en los ejemplos donde existen las dos rutas se realizaran ambas, el lector será capaz de mencionar porque se puede seguir ambas rutas o solo una. La pregunta que queda al aire es: ¿en el caso en que se pueda seguir ambas rutas cual debo escoger? La respuesta es: dependiendo del problema que se tenga, se escoge la que más se adapte al problema, ya que sin importar la ruta que se siga se obtendrá el mismo resultado representado de dos maneras distintas.

$$(a+b)^2 = a^2 + 2ab + b^2 \rightarrow a^2 + 2ab + b^2 = (a+b)^2$$

$$(a-b)^2 = a^2 - 2ab + b^2 \rightarrow a^2 - 2ab + b^2 = (a-b)^2$$

Ejemplos:

1. Factorizar $x^4 + x^2 y^2 + y^4$.

Primero se acomoda en orden decreciente, en este caso ya está ordenado con respecto a la variable x.

$$x^4 + x^2 y^2 + y^4$$

Se obtiene la raíz cuadrada del primer y tercer término.

$$\underbrace{x^4}_{\substack{a^2=x^4 \\ a=\sqrt{x^4} \\ a=x^2}} + x^2 y^2 + \underbrace{y^4}_{\substack{b^2=y^4 \\ b=\sqrt{y^4} \\ b=y^2}}$$

De los resultados obtenidos se calcula su doble producto $\pm 2ab$, es decir,

$$\underbrace{x^4}_{\substack{a^2=x^4 \\ a=\sqrt{x^4} \\ a=x^2}} + \underbrace{x^2 y^2}_{\substack{\pm 2ab \\ =\pm 2(x^2)(y^2) \\ =\pm 2x^2 y^2}} + \underbrace{y^4}_{\substack{b^2=y^4 \\ b=\sqrt{y^4} \\ b=y^2}}$$

Como se puede observar, el segundo término no coincide, o sea, $x^2 y^2 \neq \pm 2x^2 y^2$, entonces, para completar el trinomio cuadrado perfecto, le sumaremos el neutro aditivo como se muestra

$$x^4 \underbrace{+2x^2 y^2 - 2x^2 y^2}_{=0 \ (\text{Neutro aditivo})} + x^2 y^2 + y^4$$

Observa que la suma de los términos tres y cuatro debe ser negativo, en este caso es $-2x^2 y^2 + x^2 y^2 = -x^2 y^2$, aquí los términos del neutro aditivo primero se sumó y después se restó.

$$x^4 + 2x^2 y^2 \overbrace{-2x^2 y^2 + x^2 y^2}^{\text{La suma debe ser negativa}} + y^4$$

Se acomodan los términos de tal manera que forme el trinomio cuadrado perfecto

$$(x^4 + 2x^2 y^2 + y^4) \overbrace{-2x^2 y^2 + x^2 y^2}^{\text{La suma debe ser negativa}}$$

Se factorizan los términos agrupados y se realiza la suma de los términos no agrupados.

$$\left(x^2+y^2\right)^2 - x^2 y^2$$

La expresión resultante ya tiene la forma de una diferencia de cuadrados y por último se factoriza como se estudió en el caso IV

$$\underbrace{\left(x^2+y^2\right)^2}_{a_1=\left(x^2+y^2\right)} - \underbrace{x^2 y^2}_{b_1=xy} = (a_1-b_1)(a_1+b_1) = \left[\left(x^2+y^2\right)-xy\right]\left[\left(x^2+y^2\right)+xy\right]$$

$$= \left(x^2+y^2-xy\right)\left(x^2+y^2+xy\right) = \underline{\left(x^2-xy+y^2\right)\left(x^2+xy+y^2\right)}$$

Ya se estudió la primera ruta, ahora estudiaremos la segunda ruta, el procedimiento es el mismo, lo único que cambia es el orden de los términos del neutro aditivo, en la primera ruta primero se sumó y después se restó, en la segunda ruta primero restaremos y después sumaremos.

$$x^4 \underbrace{-2x^2 y^2 + 2x^2 y^2}_{=0 \text{ (Neutro aditivo)}} + x^2 y^2 + y^4$$

Y recordemos que la suma de los términos tres y cuatro debe ser negativo,

$$x^4 - 2x^2 y^2 \overbrace{+2x^2 y^2 + x^2 y^2}^{\text{La suma debe ser negativa}} + y^4$$

Observa que la suma $+2x^2 y^2 + x^2 y^2 = +3x^2 y^2$, la cual es positiva, por lo que la segunda ruta no es viable. En los siguientes ejemplos realizaremos el mismo procedimiento pero sin tanta explicación, por cualquier duda regresa al ejemplo 1.

2. Descomponer $4a^4 + 8a^2 b^2 + 9b^4$.

- Ruta 1.

$$\underbrace{4a^4}_{a_1=2a^2} + \underbrace{8a^2 b^2}_{\substack{\pm 2a_1 b_1 \\ =\pm 2(2a^2)(3b^2) \\ =\pm 12a^2 b^2}} + \underbrace{9b^4}_{b_1=3b^2} = 4a^4 \underbrace{+12a^2 b^2 - 12a^2 b^2}_{=0 \text{ (Neutro aditivo)}} + 8a^2 b^2 + 9b^4 = \left(4a^4 + 12a^2 b^2 + 9b^4\right)\underbrace{-12a^2 b^2 + 8a^2 b^2}_{\text{La suma debe ser negativo}}$$

$$= \underbrace{\left(2a^2+3b^2\right)^2}_{a_2=\left(2a^2+3b^2\right)} - \underbrace{4a^2 b^2}_{b_2=2ab} = (a_2+b_2)(a_2-b_2) = \left[\left(2a^2+3b^2\right)+2ab\right]\left[\left(2a^2+3b^2\right)-2ab\right]$$

$$= \left(2a^2+3b^2+2ab\right)\left(2a^2+3b^2-2ab\right) = \underline{\left(2a^2+2ab+3b^2\right)\left(2a^2-2ab+3b^2\right)}$$

- Ruta 2.

$$\underbrace{4a^4}_{a_1=2a^2} + \underbrace{8a^2 b^2}_{\substack{\pm 2a_1 b_1 \\ =\pm 2(2a^2)(3b^2) \\ =\pm 12a^2 b^2}} + \underbrace{9b^4}_{b_1=3b^2} = 4a^4 \underbrace{-12a^2 b^2 + 12a^2 b^2}_{=0 \text{ (Neutro aditivo)}} + 8a^2 b^2 + 9b^4 = \left(4a^4 - 12a^2 b^2 + 9b^4\right)\underbrace{+12a^2 b^2 + 8a^2 b^2}_{\text{La suma debe ser negativo}}$$

Como la suma $+12a^2 b^2 + 8a^2 b^2 = 20a^2 b^2$, como es positiva dicha suma, entonces la ruta 2, no es viable.

3. Descomponer $a^4 - 16a^2b^2 + 36b^4$.

- **Ruta 1.**

$$\underbrace{a^4}_{\substack{a_1=a^2}} - \underbrace{16a^2b^2}_{\substack{\pm 2a_1b_1 \\ =\pm 2(a^2)(6b^2) \\ =\pm 12a^2b^2}} + \underbrace{36b^4}_{\substack{b_1=6b^2}} = a^4 \underbrace{+12a^2b^2 - 12a^2b^2}_{=0\ (\text{Neutro aditivo})} - 16a^2b^2 + 36b^4 = \left(a^4 + 12a^2b^2 + 36b^4\right)\underbrace{-12a^2b^2 - 16a^2b^2}_{\text{La suma debe ser nagativa}}$$

$$= \underbrace{\left(a^2 + 6b^2\right)^2}_{a_2=(a^2+6b^2)} - \underbrace{28a^2b^2}_{\substack{b_2=\sqrt{28}ab \\ b_2=\sqrt{4\cdot 7}ab \\ b_2=2\sqrt{7}ab}} = (a_2 + b_2)(a_2 - b_2) = \left[\left(a^2 + 6b^2\right) + 2\sqrt{7}ab\right]\left[\left(a^2 + 6b^2\right) - 2\sqrt{7}ab\right]$$

$$= \left(a^2 + 6b^2 + 2\sqrt{7}ab\right)\left(a^2 + 6b^2 - 2\sqrt{7}ab\right) = \underline{\left(a^2 + 2\sqrt{7}ab + 6b^2\right)\left(a^2 - 2\sqrt{7}ab + 6b^2\right)}$$

- **Ruta 2.**

$$\underbrace{a^4}_{\substack{a_1=a^2}} - \underbrace{16a^2b^2}_{\substack{\pm 2a_1b_1 \\ =\pm 2(a^2)(6b^2) \\ =\pm 12a^2b^2}} + \underbrace{36b^4}_{\substack{b_1=6b^2}} = a^4 \underbrace{-12a^2b^2 + 12a^2b^2}_{=0\ (\text{Neutro aditivo})} - 16a^2b^2 + 36b^4 = \left(a^4 - 12a^2b^2 + 36b^4\right)\underbrace{+12a^2b^2 - 16a^2b^2}_{\text{La suma debe ser nagativa}}$$

$$= \underbrace{\left(a^2 - 6b^2\right)^2}_{a_2=(a^2-6b^2)} - \underbrace{4a^2b^2}_{b_2=2ab} = (a_2 + b_2)(a_2 - b_2) = \left[\left(a^2 - 6b^2\right) + 2ab\right]\left[\left(a^2 - 6b^2\right) - 2ab\right]$$

$$= \left(a^2 - 6b^2 + 2ab\right)\left(a^2 - 6b^2 - 2ab\right) = \underline{\left(a^2 + 2ab - 6b^2\right)\left(a^2 - 2ab - 6b^2\right)}$$

4. Factorizar $49m^4 - 151m^2n^4 + 81n^8$.

- **Ruta 1.**

$$\underbrace{49m^4}_{a=7m^2} - \underbrace{151m^2n^4}_{\substack{\pm 2ab \\ =\pm 2(7m^2)(9n^4) \\ =\pm 126m^2n^4}} + \underbrace{81n^8}_{b=9n^4} = 49m^4 \underbrace{+126m^2n^4 - 126m^2n^4}_{=0\ (\text{Neutro aditivo})} - 151m^2n^4 + 81n^8$$

$$= \left(49m^4 + 126m^2n^4 + 81n^8\right)\underbrace{-126m^2n^4 - 151m^2n^4}_{\text{La suma debe ser negativa}} = \underbrace{\left(7m^2 + 9n^4\right)^2}_{a_1=(7m^2+9n^4)} - \underbrace{277m^2n^4}_{b_1=\sqrt{277}mn^2}$$

$$= (a_1 + b_1)(a_1 - b_1) = \left[\left(7m^2 + 9n^4\right) + \sqrt{277}mn^2\right]\left[\left(7m^2 + 9n^4\right) - \sqrt{277}mn^2\right]$$

$$= \left(7m^2 + 9n^4 + \sqrt{277}mn^2\right)\left(7m^2 + 9n^4 - \sqrt{277}mn^2\right)$$

$$= \underline{\left(7m^2 + \sqrt{277}mn^2 + 9n^4\right)\left(7m^2 - \sqrt{277}mn^2 + 9n^4\right)}$$

- **Ruta 2.**

$$\underbrace{49m^4}_{a=7m^2} - \underbrace{151m^2n^4}_{\substack{\pm 2ab \\ =\pm 2(7m^2)(9n^4) \\ =\pm 126m^2n^4}} + \underbrace{81n^8}_{b=9n^4} = 49m^4 \underbrace{-126m^2n^4 + 126m^2n^4}_{=0\ (\text{Neutro aditivo})} - 151m^2n^4 + 81n^8$$

$$= \left(49m^4 - 126m^2n^4 + 81n^8\right)\underbrace{+126m^2n^4 - 151m^2n^4}_{\text{La suma debe ser negativa}} = \underbrace{\left(7m^2 - 9n^4\right)^2}_{a_1=(7m^2+9n^4)} - \underbrace{25m^2n^4}_{b_1=5mn^2} = (a_1 + b_1)(a_1 - b_1)$$

$$= \left[\left(7m^2 - 9n^4\right) + 5mn^2\right]\left[\left(7m^2 - 9n^4\right) - 5mn^2\right] = \left(7m^2 - 9n^4 + 5mn^2\right)\left(7m^2 - 9n^4 - 5mn^2\right)$$

$$= \underline{\left(7m^2 + 5mn^2 - 9n^4\right)\left(7m^2 - 5mn^2 - 9n^4\right)}$$

Ejercicios:

Factorizar o descomponer en factores.

1. $m^4 + m^2 n^2 + n^4$ $R : \left(m^2 - mn + n^2 \right)\left(m^2 + mn + n^2 \right)$

2. $x^8 + 3x^4 + 4$ $R : \left(x^4 - x^2 + 2 \right)\left(x^4 + x^2 + 2 \right)$

3. $a^4 + 2a^2 + 9$

$$R:\left(a^2 - 2a + 3\right)\left(a^2 + 2a + 3\right)$$

4. $a^4 - 3a^2b^2 + b^4$

$$R:\left(a^2 - \sqrt{5}ab + b^2\right)\left(a^2 + \sqrt{5}ab + b^2\right) \text{ o}$$
$$\left(a^2 - ab - b^2\right)\left(a^2 + ab - b^2\right)$$

5. $x^4 - 6x^2 + 1$

$R: \left(x^2 - 2\sqrt{2}x + 1\right)\left(x^2 + 2\sqrt{2}x + 1\right)$ o

$\left(x^2 - 2x - 1\right)\left(x^2 + 2x - 1\right)$

6. $4a^4 + 3a^2b^2 + 9b^4$ $R:\left(2a^2 - 3ab + 3b^2\right)\left(2a^2 + 3ab + 3b^2\right)$

7. $4x^4 - 29x^2 + 25$

$R: \left(2x^2 + 7x + 5\right)\left(2x^2 - 7x + 5\right)$ o

$\left(2x^2 - 3x - 5\right)\left(2x^2 + 3x - 5\right)$

8. $x^8 + 4x^4y^4 + 16y^8$

$R: \left(x^4 - 2x^2y^2 + 4y^4\right)\left(x^4 + 2x^2y^2 + 4y^4\right)$

9. $16m^4 - 25m^2n^2 + 9n^4$

$R: \left(4m^2 - 7mn + 3n^2\right)\left(4m^2 + 7mn + 3n^2\right)$ o

$\left(4m^2 - mn - 3n^2\right)\left(4m^2 + mn - 3n^2\right)$

10. $25a^4 + 54a^2b^2 + 49b^4$ $R:\left(5a^2 - 4ab + 7b^2\right)\left(5a^2 + 4ab + 7b^2\right)$

11. $36x^4 - 109x^2y^2 + 49y^4$ $R: \left(6x^2 - \sqrt{193}xy + 7y^2\right)\left(6x^2 + \sqrt{193}xy + 7y^2\right)$ o

$\left(6x^2 + 5xy - 7y^2\right)\left(6x^2 - 5xy - 7y^2\right)$

12. $81m^8 + 2m^4 + 1$ $R: \left(9m^4 - 4m^2 + 1\right)\left(9m^4 + 4m^2 + 1\right)$

13. $c^4 - 45c^2 + 100$ $R: \left(c^2 - \sqrt{65}c + 10\right)\left(c^2 + \sqrt{65}c + 10\right)$ o

$$\left(c^2 - 5c - 10\right)\left(c^2 + 5c - 10\right)$$

14. $49 + 76n^2 + 64n^4$ $R:\left(8n^2 + 6n + 7\right)\left(8n^2 - 6n + 7\right)$

15. $49x^8 + 76x^4y^4 + 100y^8$

$R: \left(7x^4 - 8x^2y^2 + 10y^4\right)\left(7x^4 + 8x^2y^2 + 10y^4\right)$

16. $121x^4 - 133x^2y^4 + 36y^8$

$R: \left(11x^2 - \sqrt{265}xy^2 + 6y^4\right)\left(11x^2 + \sqrt{265}xy^2 + 6y^4\right)$ o

$\left(11x^2 - xy^2 - 6y^4\right)\left(11x^2 + xy^2 - 6y^4\right)$

17. $16 - 9c^4 + c^8$

$R: \left(c^4 - \sqrt{17}c^2 + 4\right)\left(c^4 + \sqrt{17}c^2 + 4\right)$ o

$\left(4 - c^2 - c^4\right)\left(4 + c^2 - c^4\right)$

18. $225 + 5m^2 + m^4$ $R:\left(m^2 - 5m + 15\right)\left(m^2 + 5m + 15\right)$

19. $x^4 y^4 + 21x^2 y^2 + 121$ $R:\left(x^2 y^2 + xy + 11\right)\left(x^2 y^2 - xy + 11\right)$

20. $81a^4 b^8 - 292a^2 b^4 x^8 + 256x^{16}$ $R:\left(9a^2 b^4 - 2\sqrt{145}ab^2 x^4 + 16x^8\right)\left(9a^2 b^4 + 2\sqrt{145}ab^2 x^4 + 16x^8\right)$ o

$\left(9a^2 b^4 - 2ab^2 x^4 - 16x^8\right)\left(9a^2 b^4 + 2ab^2 x^4 - 16x^8\right)$

Caso especial: Factorizar una suma de dos cuadrados:

Los polinomios de la forma $a^2 + b^2$ se factorizan fácilmente usando la misma técnica del caso V. A diferencia del caso anterior, aquí solo existe una ruta para lograr la factorización y se da en el siguiente ejemplo.

Ejemplo:

Factorizar $a^4 + 4b^4$.

$$a^4 + 4b^4 = \underbrace{a^4}_{\substack{a_1=a^2}} \underbrace{+}_{\substack{2a_1b_1 \\ =2(a^2)(2b^2) \\ =4a^2b^2}} \underbrace{4b^4}_{b_1=2b^2} = a^4 \underbrace{+4a^2b^2 - 4a^2b^2}_{=0 \text{ (Neutro aditivo)}} + 4b^4 = \left(a^4 + 4a^2b^2 + 4b^4\right) \underbrace{-4a^2b^2}_{\substack{\text{Este término} \\ \text{debe ser negativo}}} = \underbrace{\left(a^2 + 2b^2\right)^2}_{a_2=\left(a^2+2b^2\right)} - \underbrace{4a^2b^2}_{b_2=2ab}$$

$$= (a_2 + b_2)(a_2 - b_2) = \left[\left(a^2 + 2b^2\right) + 2ab\right]\left[\left(a^2 + 2b^2\right) - 2ab\right] = \left(a^2 + 2b^2 + 2ab\right)\left(a^2 + 2b^2 - 2ab\right)$$

$$= \underline{\left(a^2 + 2ab + 2b^2\right)\left(a^2 - 2ab + 2b^2\right)}$$

Ejercicios:
Factorizar o descomponer en factores.

1. $x^4 + 64y^4$ $R:\left(x^2 - 4xy + 8y^2\right)\left(x^2 + 4xy + 8y^2\right)$

2. $4x^8 + y^8$ $R:\left(2x^4 - 2x^2y^2 + y^4\right)\left(2x^4 + 2x^2y^2 + y^4\right)$

3. $a^4 + 324b^4$ $R:\left(a^2 - 6ab + 18b^2\right)\left(a^2 + 6ab + 18b^2\right)$

4. $4m^4 + 81n^4$ $R:\left(2m^2 - 6mn + 9n^2\right)\left(2m^2 + 6mn + 9n^2\right)$

5. $4 + 625x^8$

$R:\left(25x^4 - 10x^2 + 2\right)\left(25x^4 + 10x^2 + 2\right)$

6. $64 + a^{12}$

$R:\left(a^6 - 4a^3 + 8\right)\left(a^6 + 4a^3 + 8\right)$

7. $1 + 4n^4$

$R: \left(2n^2 - 2n + 1\right)\left(2n^2 + 2n + 1\right)$

8. $64x^8 + y^8$

$R: \left(8x^4 - 4x^2 y^2 + y^4\right)\left(8x^4 + 4x^2 y^2 + y^4\right)$

9. $81a^4 + 64b^4$ $\hspace{4cm}$ $R:\left(9a^2 - 12ab + 8b^2\right)\left(9a^2 + 12ab + 8b^2\right)$

Caso VI. Trinomio de la forma $x^2 + bx + c$.

Algunos trinomios pueden ser factorizados por simple inspección de sus elementos. Si observamos que $(x+a)(x+b) = x^2 + (a+b)x + ab$. Entonces, si podemos encontrar números a y b tales que su suma sea el coeficiente de x y su producto sea el tercer término de un trinomio de la forma $x^2 + (a+b)x + ab$, podemos aplicar la anterior observación para factorizar el trinomio.

Ejemplos:

1. Factorizar $x^2 + 5x + 6$.

Primero se encuentran factores del primer y tercer término, no se te olvide incluir su signo

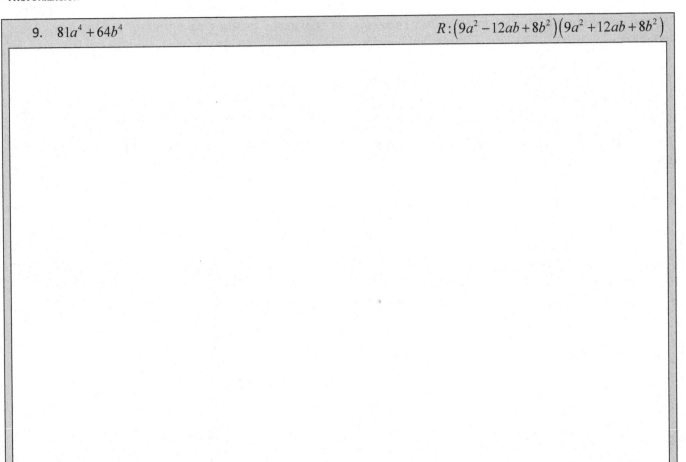

para comprobar que los factores sean los correctos se multiplica cruzado y después se suman, tal vez aquí no se observe por qué la comprobación cruzada, pero en el caso VII se entenderá.

Ya que se comprobó que los factores son correctos, se toman los factores de enfrente, (en el caso VII se entenderá su razón).

$$x^2 + 5x + 6 = (x+3)(x+2)$$

En los ejemplos siguientes se realizara el mismo procedimiento pero sin tantos detalles, si tienes alguna duda regresa al ejemplo 1.

2. Factorizar $x^2 - 7x + 12$.

$$x^2 - 7x + 12 = x^2 - 7x + 12 = (x-4)(x-3)$$

3. Factorizar $x^2 + 2x - 15$.

$$x^2 + 2x - 15 = x^2 + 2x - 15 = (x+5)(x-3)$$

4. Factorizar $x^2 - 5x - 14$.

$$x^2 - 5x - 14 = x^2 - 5x - 14 = (x-7)(x+2)$$

5. Factorizar $a^2 - 13a + 40$.

$$a^2 - 13a + 40 = a^2 - 13a + 40 = (a-5)(a-8)$$

6. Factorizar $m^2 - 11m - 12$.

$$m^2 - 11m - 12 = m^2 - 11m - 12 = (m-12)(m+1)$$

7. Factorizar $n^2 + 28n - 29$.

$$n^2 + 28n - 29 = n^2 + 28n - 29 = (n+29)(n-1)$$

8. Factorizar $x^2 + 6x - 216$.

$$x^2 + 6x - 216 = x^2 + 6x - 216 = (x-12)(x+18)$$

Para números grandes se obtienen sus factores primos de los cuales en este caso se encuentra una combinación donde su diferencia sea 6.

216	2
108	2
54	2
27	3
9	3
3	3
1	

$2 \times 3 \times 3 = 18$ $2 \times 2 \times 3 = 12$

$18 - 12 = 6$

9. Factorizar $a^2 - 66a + 1080$.

$$a^2 - 66a + 1080 = \underbrace{a^2}_{\substack{a \\ a}} \underbrace{-66a}_{\substack{-36a \\ \underline{-30a} \\ -66a}} \underbrace{+1080}_{\substack{-30 \\ -36}} = \underline{(a-30)(a-36)}$$

Para números grandes se obtienen sus factores primos de los cuales en este caso se encuentra una combinación donde su suma sea 66.

1080	2
540	2
270	2
135	3
45	3
15	3
5	5
1	

$2 \times 3 \times 5 = 30$

$2 \times 2 \times 3 \times 3 = 36$

$30 + 36 = \underline{66}$

Ejercicios:

Factorizar o descomponer en factores.

1. $x^2 + 7x + 10$ $\hspace{2cm} R:(x+5)(x+2)$

2. $x^2 + 3x - 10$ $\hspace{2cm} R:(x+5)(x-2)$

3. $a^2 + 4a + 3$ $\hspace{2cm} R:(a+3)(a+1)$

4. $y^2 - 9y + 20$ $R : (y-5)(y-4)$

5. $x^2 - 9x + 8$ $R : (x-8)(x-1)$

6. $x^2 - 3x + 2$ $R : (x-2)(x-1)$

7. $y^2 - 4y + 3$ $R : (y-3)(y-1)$

8. $x^2 + 10x + 21$ $R : (x+7)(x+3)$

9. $m^2 - 12m + 11$ $R:(m-11)(m-1)$

10. $n^2 + 6n - 16$ $R:(n+8)(n-2)$

11. $y^2 + y - 30$ $R:(y-5)(y+6)$

12. $n^2 - 6n - 40$ $R:(n-10)(n+4)$

13. $a^2 - 2a - 35$ $R:(a-7)(a+5)$

14. $a^2 + 33 - 14a$

$R:(a-11)(a-3)$

15. $c^2 - 13c - 14$

$R:(c-14)(c+1)$

16. $x^2 - 15x + 54$

$R:(x-9)(x-6)$

17. $x^2 - 17x - 60$

$R:(x-20)(x+3)$

18. $m^2 - 20m - 300$

$R:(m-30)(m+10)$

19. $m^2 - 2m - 168$ $R: (m+12)(m-14)$

20. $m^2 - 41m + 400$ $R: (m-25)(m-16)$

21. $x^2 + 12x - 364$ $R: (x+26)(x-14)$

22. $m^2 - 30m - 675$ $R: (m-45)(m+15)$

23. $x^2 - 2x - 528$

$R:(x+22)(x-24)$

24. $c^2 - 4c - 320$

$R:(c+16)(c-20)$

Casos especiales del caso VI:

Aquí se dan algunas variantes del caso VI, que son muy fácil de factorizar como se ven en los ejemplos.

Ejemplos:

1. Factorizar $x^4 - 5x^2 - 50$.

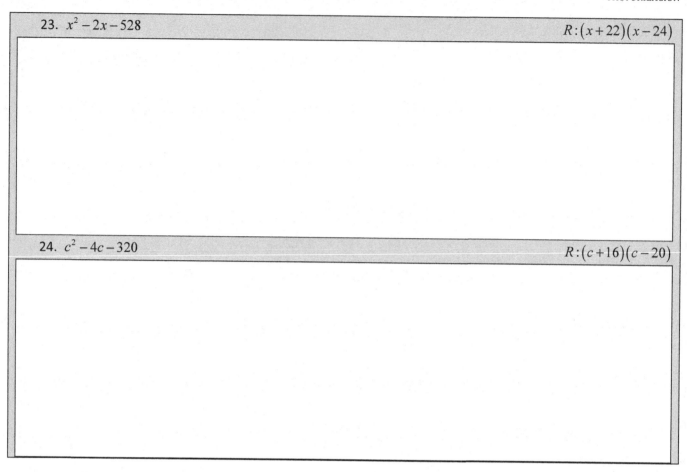

$$x^4 - 5x^2 - 50 = \underset{x^2}{\underbrace{x^4}} \underset{5x^2}{\underbrace{-5x^2}} \underset{-10}{\underbrace{-50}} = (x^2-10)(x^2+5)$$

2. Factorizar $x^6 + 7x^3 - 44$.

$$x^6 + 7x^3 - 44 = \underset{x^3}{\underbrace{x^6}} \underset{-4x^3}{\underbrace{+7x^3}} \underset{11}{\underbrace{-44}} = (x^3+11)(x^3-4)$$

3. Factorizar $a^2b^2 - ab - 42$.

$$a^2b^2 - ab - 42 = \underset{ab}{\underbrace{a^2b^2}} \underset{6ab}{\underbrace{-ab}} \underset{-7}{\underbrace{-42}} = (ab-7)(ab+6)$$

4. Factorizar $(5x)^2 - 9(5x) + 8$.

$$(5x)^2 - 9(5x) + 8 = \underbrace{(5x)^2}_{\substack{(5x)\\(5x)}} \underbrace{-9(5x)}_{\substack{-(5x)\\-8(5x)\\\overline{-9(5x)}}} \underbrace{+8}_{\substack{-8\\-1}} = \big[(5x) - 8\big]\big[(5x) - 1\big] = \underline{(5x - 8)(5x - 1)}$$

5. Factorizar $x^2 - 5ax - 36a^2$.

$$x^2 - 5ax - 36a^2 = \underbrace{x^2}_{\substack{x\\x}} \underbrace{-5ax}_{\substack{4ax\\-9ax\\\overline{-5ax}}} \underbrace{-36a^2}_{\substack{-9a\\4a}} = \underline{(x - 9a)(x + 4a)}$$

6. Factorizar $(a+b)^2 - 12(a+b) + 20$.

$$(a+b)^2 - 12(a+b) + 20 = \underbrace{(a+b)^2}_{\substack{(a+b)\\(a+b)}} \underbrace{-12(a+b)}_{\substack{-2(a+b)\\-10(a+b)\\\overline{-12(a+b)}}} \underbrace{+20}_{\substack{-10\\-2}} = \big[(a+b) - 10\big]\big[(a+b) - 2\big] = \underline{(a+b-10)(a+b-2)}$$

7. Factorizar $28 + 3x - x^2$.

$$28 + 3x - x^2 = -x^2 + 3x + 28 = -\overline{\underbrace{x^2}_{\substack{x\\x}} \underbrace{-3x}_{\substack{4x\\-7x\\\overline{-3x}}} \underbrace{-28}_{\substack{-7\\4}}} = -(x-7)(x+4) = \big[-(x-7)\big](x+4) = (-x+7)(x+4) = \underline{(7-x)(x+4)}$$

8. Factorizar $30 + y^2 - y^4$.

$$30 + y^2 - y^4 = -y^4 + y^2 + 30 = -\overline{\underbrace{y^4}_{\substack{y^2\\y^2}} \underbrace{-y^2}_{\substack{5y^2\\-6y^2\\\overline{-y^2}}} \underbrace{-30}_{\substack{-6\\5}}} = -(y^2 - 6)(y^2 + 5) = (-y^2 + 6)(y^2 + 5) = \underline{(6 - y^2)(y^2 + 5)}$$

Ejercicios:
Factorizar o descomponer en factores.

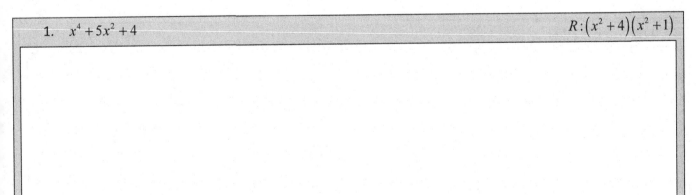

1. $x^4 + 5x^2 + 4$ $\qquad R:(x^2 + 4)(x^2 + 1)$

2. $x^8 - 2x^4 - 80$

$R:\left(x^4 + 8\right)\left(x^4 - 10\right)$

3. $(4x)^2 - 2(4x) - 15$

$R:\left(4x - 5\right)\left(4x + 3\right)$

4. $x^2 + 2ax - 15a^2$

$R:\left(x + 5a\right)\left(x - 3a\right)$

5. $(x - y)^2 + 2(x - y) - 24$

$R:\left(x - y + 6\right)\left(x - y - 4\right)$

6. $x^{10} + x^5 - 20$

$R:\left(x^5 - 4\right)\left(x^5 + 5\right)$

7. $x^4 + 7ax^2 - 60a^2$ $\qquad R:\left(x^2+12a\right)\left(x^2-5a\right)$

8. $(m-n)^2 + 5(m-n) - 24$ $\qquad R:(m-n+8)(m-n-3)$

9. $15 - 2y - y^2$ $\qquad R:(y+5)(3-y)$

10. $c^2 + 11cd + 28d^2$ $\qquad R:(c+7d)(c+4d)$

11. $a^2 - 21ab + 98b^2$ $\qquad R:(a-14b)(a-7b)$

12. $48 + 2x^2 - x^4$

$R:\left(x^2+6\right)\left(8-x^2\right)$

13. $a^2 + 2axy - 440x^2y^2$

$R:\left(a+22xy\right)\left(a-20xy\right)$

14. $14 + 5n - n^2$

$R:\left(7-n\right)\left(n+2\right)$

15. $\left(4x^2\right)^2 - 8\left(4x^2\right) - 105$

$R:\left(4x^2-15\right)\left(4x^2+7\right)$

16. $a^4 - a^2b^2 - 156b^4$

$R:\left(a^2+12b^2\right)\left(a^2-13b^2\right)$

17. $x^8y^8 - 15ax^4y^4 - 100a^2$ $R:\left(x^4y^4 - 20a\right)\left(x^4y^4 + 5a\right)$

18. $m^2 + abcm - 56a^2b^2c^2$ $R:\left(m - 7abc\right)\left(m + 8abc\right)$

19. $(a-1)^2 + 3(a-1) - 108$ $R:(a-10)(a+11)$

20. $21a^2 + 4ax - x^2$ $R:(7a-x)(x+3a)$

Caso VII. Trinomio de la forma $ax^2 + bx + c$.

Aquí utilizaremos el mismo procedimiento que en el caso VI, pero se complica un poco, ya que la suma del producto cruzado de los factores del primer término con la del tercer término debe coincidir con el segundo término, y a diferencia del caso anterior el coeficiente del primer término es diferente a la unidad y además los términos del polinomio se acomodan en orden creciente o decreciente. Si tiene alguna duda, revise el ejemplo 1 del caso VI.

Ejemplos:

1. Factorizar $6x^2 - 7x - 3$.

$$6x^2 - 7x - 3 = \underset{2x}{\underline{6x^2}} \underset{2x}{\underline{-7x}} \underset{-3}{\underline{-3}} = (2x-3)(3x+1)$$
$$3x \quad -9x \quad 1$$
$$\underline{\quad -7x \quad}$$

2. Factorizar $20x^2 + 7x - 6$.

$$20x^2 + 7x - 6 = \underset{5x}{\underline{20x^2}} \underset{15x}{\underline{+7x}} \underset{-2}{\underline{-6}} = (5x-2)(4x+3)$$
$$4x \quad -8x \quad 3$$
$$\underline{\quad 7x \quad}$$

3. Factorizar $18a^2 - 13a - 5$.

$$18a^2 - 13a - 5 = \underset{a}{\underline{18a^2}} \underset{5a}{\underline{-13a}} \underset{-1}{\underline{-5}} = (a-1)(18a+5)$$
$$18a \quad -18a \quad 5$$
$$\underline{\quad -13a \quad}$$

Ejercicios:

Factorizar o descomponer en factores.

1. $6x^2 + 7x + 2$ $R: (2x+1)(3x+2)$

2. $5x^2 + 13x - 6$ $R: (5x-2)(x+3)$

3. $12x^2 - x - 6$ $R:(4x-3)(3x+2)$

4. $4a^2 + 15a + 9$ $R:(4a+3)(a+3)$

5. $12m^2 - 13m - 35$ $R:(3m-7)(4m+5)$

6. $20y^2 + y - 1$ $R:(5y-1)(4y+1)$

7. $7x^2 - 44x - 35$ $R:(7x+5)(x-7)$

8. $16m + 15m^2 - 15$ $R:(3m+5)(5m-3)$

9. $12x^2 - 7x - 12$ $R:(4x+3)(3x-4)$

10. $9a^2 + 10a + 1$ $R:(9a+1)(a+1)$

11. $21x^2 + 11x - 2$ $R:(7x-1)(3x+2)$

12. $m - 6 + 15m^2$ $R:(5m-3)(3m+2)$

13. $15a^2 - 8a - 12$

$R:(5a-6)(3a+2)$

14. $9x^2 + 37x + 4$

$R:(9x+1)(x+4)$

15. $44n + 20n^2 - 15$

$R:(10n-3)(2n+5)$

16. $14m^2 - 31m - 10$

$R:(7m+2)(2m-5)$

17. $2x^2 + 29x + 90$

$R:(2x+9)(x+10)$

18. $20a^2 - 7a - 40$

$R:(5a-8)(4a+5)$

19. $4n^2 + n - 33$

$R:(4n-11)(n+3)$

20. $30x^2 + 13x - 10$

$R:(6x+5)(5x-2)$

Caso especial del caso VII.

Ahora se presentan algunas variantes del caso VII, los cuales se logra su factorización con el mismo procedimiento.

Ejemplos:

1. Factorizar $15x^4 - 11x^2 - 12$.

$$15x^4 - 11x^2 - 12 = \underbrace{15x^4}_{\substack{3x^2 \\ 5x^2}} \underbrace{-11x^2}_{\substack{9x^2 \\ -20x^2 \\ -11x^2}} \underbrace{-12}_{\substack{-4 \\ 3}} = (3x^2 - 4)(5x^2 + 3)$$

2. Factorizar $12x^2y^2 + xy - 20$.

$$12x^2y^2 + xy - 20 = \underbrace{12x^2y^2}_{\substack{4xy \\ 3xy}} \underbrace{+xy}_{\substack{16xy \\ -15xy \\ xy}} \underbrace{-20}_{\substack{-5 \\ 4}} = (4xy - 5)(3xy + 4)$$

3. Factorizar $6x^2 - 11ax - 10a^2$.

$$6x^2 - 11ax - 10a^2 = \underbrace{6x^2}_{\substack{2x \\ 3x}} \underbrace{-11ax}_{\substack{4ax \\ -15ax \\ -11ax}} \underbrace{-10a^2}_{\substack{-5a \\ 2a}} = (2x - 5a)(3x + 2a)$$

4. Factorizar $20 - 3x - 9x^2$.

$$20 - 3x - 9x^2 = -9x^2 - 3x + 20 = \underbrace{\overline{-9x^2}}_{\substack{3x \\ 3x}} \underbrace{+3x}_{\substack{15x \\ -12x \\ 3x}} \underbrace{-20}_{\substack{-4 \\ 5}} = -(3x - 4)(3x + 5) = (-3x + 4)(3x + 5) = (4 - 3x)(3x + 5)$$

Ejercicios:
Factorizar o descomponer en factores.

1. $10x^8 + 29x^4 + 10$	$R: (5x^4 + 2)(2x^4 + 5)$

2. $6a^2x^2 + 5ax - 21$	$R: (3ax + 7)(2ax - 3)$

3. $20x^2y^2 + 9xy - 20$

$R:(5xy-4)(4xy+5)$

4. $15x^2 - ax - 2a^2$

$R:(5x-2a)(3x+a)$

5. $12 - 7x - 10x^2$

$R:(4-5x)(2x+3)$

6. $6m^2 - 13am - 15a^2$

$R:(6m+5a)(m-3a)$

7. $14x^4 - 45x^2 - 14$

$R:(7x^2+2)(2x^2-7)$

8. $7x^6 - 33x^3 - 10$ $R:\left(7x^3 + 2\right)\left(x^3 - 5\right)$

9. $30 + 13a - 3a^2$ $R:(3a+5)(6-a)$

10. $5 + 7x^4 - 6x^8$ $R:\left(5 - 3x^4\right)\left(2x^4 + 1\right)$

11. $6a^2 - ax - 15x^2$ $R:(3a - 5x)(2a + 3x)$

12. $4x^2 + 7mnx - 15m^2n^2$ $R:(4x - 5mn)(x + 3mn)$

13. $18a^2 + 17ay - 15y^2$

$R:(9a - 5y)(2a + 3y)$

14. $15 + 2x^2 - 8x^4$

$R:(4x^2 + 5)(3 - 2x^2)$

15. $6 - 25x^8 + 5x^4$

$R:(3 - 5x^4)(5x^4 + 2)$

16. $30x^{10} - 91x^5 - 30$

$R:(10x^5 + 3)(3x^5 - 10)$

17. $30m^2 + 17am - 21a^2$ $\qquad\qquad R:(6m+7a)(5m-3a)$

18. $16a - 4 - 15a^2$ $\qquad\qquad R:(2-5a)(3a-2)$

19. $11xy - 6y^2 - 4x^2$ $\qquad\qquad R:(3y-4x)(x-2y)$

20. $27ab - 9b^2 - 20a^2$ $\qquad\qquad R:(3b-5a)(4a-3b)$

Caso VIII. Tetranomio que es un cubo perfecto.

Un tetranomio que es un cubo perfecto tiene la forma $a^3 + 3a^2b + 3ab^2 + b^3 = (a+b)^3$, en el primer ejemplo se ilustra el procedimiento paso a paso, en los ejemplos restantes se realizaran los mismos pasos pero sin mucha explicación, y si tienes dudas en algún paso repasa el ejemplo 1.

Ejemplos:

1. Factorizar $8x^3 + 12x^2 + 6x + 1$.

En primer lugar se acomoda el polinomio en orden decreciente o creciente con respecto al grado de una variable, en este caso ya está ordenado

$$8x^3 + 12x^2 + 6x + 1$$

Se obtienen las raíces cubicas del primer y cuarto término.

$$8x^3 + 12x^2 + 6x + 1 = \underline{8x^3} + 12x^2 + 6x \underline{+1}$$

$$\begin{aligned}a^3 &= 8x^3 & b^3 &= 1\\ a &= \sqrt[3]{8x^3} & b &= \sqrt[3]{1}\\ a &= 2x & b &= 1\end{aligned}$$

De las raíces obtenidas se comprueba que el segundo término sea $3a^2b$ y el tercero sea $3ab^2$.

$$8x^3 + 12x^2 + 6x + 1 = \underline{8x^3} \quad \underline{+12x^2} \quad \underline{+6x} \quad \underline{+1}$$

$$\begin{array}{llll} a^3=8x^3 & 3a^2b & 3ab^2 & b^3=1\\ a=\sqrt[3]{8x^3} & =3(2x)^2(1) & =3(2x)(1)^2 & b=\sqrt[3]{1}\\ a=2x & =3(4x^2)(1) & =3(2x)(1) & b=1\\ & =12x^2 & =6x^2 \end{array}$$

Si coinciden los términos dados con los obtenidos incluyendo el signo, entonces el tetranomio si es un cubo perfecto, por lo que se tiene la factorización

$$8x^3 + 12x^2 + 6x + 1 = \underline{8x^3} \quad \underline{+12x^2} \quad \underline{+6x} \quad \underline{+1} = (a+b)^3 = (2x+1)^3$$

$$\begin{array}{llll} a^3=8x^3 & 3a^2b & 3ab^2 & b^3=1\\ a=\sqrt[3]{8x^3} & =3(2x)^2(1) & =3(2x)(1)^2 & b=\sqrt[3]{1}\\ a=2x & =3(4x^2)(1) & =3(2x)(1) & b=1\\ & =12x^2 & =6x^2 \end{array}$$

2. Factorizar $8x^6 + 54x^2y^6 - 27y^9 - 36x^4y^3$.

$$8x^6 + 54x^2y^6 - 27y^9 - 36x^4y^3 = \underline{8x^6} \quad \underline{-36x^4y^3} \quad \underline{+54x^2y^6} \quad \underline{-27y^9} = (a+b)^3 = \left[2x^2 + (-3y^3)\right]^3 = \underline{(2x^2 - 3y^3)^3}$$

$$\begin{array}{llll} a=2x^2 & 3a^2b & 3ab^2 & b=-3y^3\\ & =3(2x^2)^2(-3y^3) & =3(2x^2)(-3y^3)^2 &\\ & =3(4x^4)(-3y^3) & =3(2x^2)(9y^6) &\\ & =-36x^4y^3 & =54x^2y^6 \end{array}$$

3. Factorizar $1 + 12a + 48a^2 + 64a^3$.

$$1 + 12a + 48a^2 + 64a^3 = \underline{1} \quad \underline{+12a} \quad \underline{+48a^2} \quad \underline{+64a^3} = (a_1 + b_1)^3 = \underline{(1+4a)^3}$$

$$\begin{array}{llll} a_1=1 & 3a_1^2b_1 & 3a_1b_1^2 & b_1=4a\\ & =3(1)^2(4a) & =3(1)(4a)^2 &\\ & =3(1)(4a) & =3(1)(16a^2) &\\ & =12a & =48a^2 \end{array}$$

4. Factorizar $a^9 - 18a^6b^5 + 108a^3b^{10} - 216b^{15}$.

$$a^9 - 18a^6b^5 + 108a^3b^{10} - 216b^{15} = \underset{a_1=a^3}{\underbrace{a^9}} \quad \underset{\substack{3a_1^2b_1 \\ =3(a^3)^2(-6b^5) \\ =3(a^6)(-6b^5) \\ =-18a^6b^5}}{\underbrace{-18a^6b^5}} \quad \underset{\substack{3a_1b_1^2 \\ =3(a^3)(-6b^5)^2 \\ =3(a^3)(36b^{10}) \\ =108a^3b^{10}}}{\underbrace{+108a^3b^{10}}} \quad \underset{b_1=-6b^5}{\underbrace{-216b^{15}}} = (a_1 + b_1)^3 = \left[a^3 + (-6b^5) \right]^3 = \underline{(a^3 - 6b^5)^3}$$

Ejercicios:
Factorizar o descomponer en factores.

1. $a^3 + 3a^2 + 3a + 1$ $R:(a+1)^3$

2. $27 - 27x + 9x^2 - x^3$ $R:(3-x)^3$

3. $m^3 + 3m^2n + 3mn^2 + n^3$ $R:(m+n)^3$

4. $1 + 3a^2 - 3a - a^3$

$R:(1-a)^3$

5. $125x^3 + 1 + 75x^2 + 15x$

$R:(5x+1)^3$

6. $8a^3 - 36a^2b + 54ab^2 - 27b^3$

$R:(2a-3b)^3$

7. $x^3 - 3x^2 + 3x - 1$

$R:(x-1)^3$

8. $1 + 12a^2b^2 - 6ab - 8a^3b^3$ $\hfill R:(1-2ab)^3$

9. $125a^3 + 150a^2b + 60ab^2 + 8b^3$ $\hfill R:(5a+2b)^3$

10. $8 + 36x + 54x^2 + 27x^3$ $\hfill R:(2+3x)^3$

11. $8 - 12a^2 + 6a^4 - a^6$ $\hfill R:(2-a^2)^3$

12. $a^6 + 3a^4b^3 + 3a^2b^6 + b^9$

$R:\left(a^2 + b^3\right)^3$

13. $x^9 - 9x^6y^4 + 27x^3y^8 - 27y^{12}$

$R:\left(x^3 - 3y^4\right)^3$

14. $64x^3 + 240x^2y + 300xy^2 + 125y^3$

$R:\left(4x + 5y\right)^3$

15. $216 - 756a^2 + 882a^4 - 343a^6$

$R:\left(6 - 7a^2\right)^3$

16. $125x^{12} + 600x^8 y^5 + 960x^4 y^{10} + 512y^{15}$

$R:\left(5x^4 + 8y^5\right)^3$

17. $3a^{12} + 1 + 3a^6 + a^{18}$

$R:\left(a^6 + 1\right)^3$

18. $1+18a^2b^3+108a^4b^6+216a^6b^9$

$R:\left(1+6a^2b^3\right)^3$

19. $m^3-3am^2n+3a^2mn^2-a^3n^3$

$R:\left(m-an\right)^3$

20. $64x^9-125y^{12}-240x^6y^4+300x^3y^8$

$R:\left(4x^3-5y^4\right)^3$

Caso IX. Suma o diferencia de cubos perfectos:

Cuando se tienen binomios de la forma $a^3 + b^3$ o $a^3 - b^3$ se pueden factorizar fácilmente usando los siguientes productos notables

$$(a+b)(a^2 - ab + b^2) = a^3 + b^3$$

$$(a-b)(a^2 + ab + b^2) = a^3 - b^3$$

Nada más que para la factorización los emplearemos en sentido inverso, es decir,

$$a^3 + b^3 = (a+b)(a^2 - ab + b^2)$$

$$a^3 - b^3 = (a-b)(a^2 + ab + b^2)$$

Entonces, solo se obtiene la raíz cúbica del primer y segundo término sin incluir el signo, y de los resultados obtenidos se usa la fórmula o producto notable que le corresponda, esto se puede ver en los siguientes ejemplos.

Ejemplos:

1. Factorizar $x^3 + 1$.

$$x^3 + 1 = \underset{\substack{a^3 = x^3 \\ a = \sqrt[3]{x^3} \\ a = x}}{x^3} + \underset{\substack{b^3 = 1 \\ b = \sqrt[3]{1} \\ b = 1}}{1} = (a+b)(a^2 - ab + b^2) = \left[(x)+(1)\right]\left[(x)^2 - (x)(1) + (1)^2\right] = \left.(x+1)(x^2 - x + 1)\right|$$

2. Factorizar $a^3 - 8$.

$$a^3 - 8 = \underset{a_1 = a}{a^3} - \underset{b_1 = 2}{8} = (a_1 - b_1)(a_1^2 + a_1 b_1 + b_1^2) = (a-2)\left[(a)^2 + (a)(2) + (2)^2\right] = \left.(a-2)(a^2 + 2a + 4)\right|$$

3. Factorizar $27a^3 + b^6$.

$$27a^3 + b^6 = \underset{a_1 = 3a}{27a^3} + \underset{b_1 = b^2}{b^6} = (a_1 + b_1)(a_1^2 - a_1 b_1 + b_1^2) = (3a + b^2)\left[(3a)^2 - (3a)(b^2) + (b^2)^2\right] = \left.(3a + b^2)(9a^2 - 3ab^2 + b^4)\right|$$

4. Factorizar $8x^3 - 125$.

$$8x^3 - 125 = \underset{a = 2x}{8x^3} - \underset{b = 5}{125} = (a-b)(a^2 + ab + b^2) = (2x - 5)\left[(2x)^2 + (2x)(5) + (5)^2\right] = \left.(2x - 5)(4x^2 + 10x + 25)\right|$$

5. Factorizar $27m^6 + 64n^9$.

$$27m^6 + 64n^9 = \underset{a = 3m^2}{27m^6} + \underset{b = 4n^3}{64n^9} = (a+b)(a^2 - ab + b^2) = (3m^2 + 4n^3)\left[(3m^2)^2 - (3m^2)(4n^3) + (4n^3)^2\right]$$

$$= (3m^2 + 4n^3)(9m^4 - 12m^2n^3 + 16n^6)$$

Ejercicios:

Factorizar o descomponer en factores.

1. $m^3 - n^3$

$R:(m-n)(m^2 + mn + n^2)$

2. $a^3 - 1$

$R:(a-1)(a^2 + a + 1)$

3. $8x^3 - 1$

$R:(2x-1)(4x^2 + 2x + 1)$

4. $1 - 8x^3$

$R:(1-2x)(1 + 2x + 4x^2)$

5. $8x^3 + y^3$

$R:(2x+y)(4x^2 - 2xy + y^2)$

6. $27a^3 - b^3$ $R: (3a - b)(9a^2 + 3ab + b^2)$

7. $1 - 216m^3$ $R: (1 - 6m)(1 + 6m + 36m^2)$

8. $8a^3 + 27b^6$ $R: (2a + 3b^2)(4a^2 - 6ab^2 + 9b^4)$

9. $1 + 343n^3$ $R: (1 + 7n)(1 - 7n + 49n^2)$

10. $64a^3 - 729$ $R: (4a - 9)(16a^2 + 36a + 81)$

11. $x^6 - 8y^{12}$

$$R:\left(x^2 - 2y^4\right)\left(x^4 + 2x^2 y^4 + 4y^8\right)$$

12. $1 + 729x^6$

$$R:\left(1 + 9x^2\right)\left(1 - 9x^2 + 81x^4\right)$$

13. $x^3 y^6 - 216 y^9$

$$R:\left(xy^2 - 6y^3\right)\left(x^2 y^4 + 6xy^5 + 36y^6\right)$$

14. $a^3 b^3 x^3 + 1$

$$R:\left(abx + 1\right)\left(a^2 b^2 x^2 - abx + 1\right)$$

15. $a^6 + 125 b^{12}$

$$R:\left(a^2 + 5b^4\right)\left(a^4 - 5a^2 b^4 + 25 b^8\right)$$

16. $x^{12} + y^{12}$ $\qquad R:\left(x^4 + y^4\right)\left(x^8 - x^4 y^4 + y^8\right)$

17. $a^3 + 8b^{12}$ $\qquad R:\left(a + 2b^4\right)\left(a^2 - 2ab^4 + 4b^8\right)$

18. $8x^9 - 125y^3 z^6$ $\qquad R:\left(2x^3 - 5yz^2\right)\left(4x^6 + 10x^3 yz^2 + 25y^2 z^4\right)$

19. $27m^6 + 343n^9$ $\qquad R:\left(3m^2 + 7n^3\right)\left(9m^4 - 21m^2 n^3 + 49n^6\right)$

20. $216 - x^{12}$ $\qquad R:\left(6 - x^4\right)\left(36 + 6x^4 + x^8\right)$

Casos especiales del caso IX.

Hasta ahora como ya se ha observado, en algunos casos se manejan casos especiales, los cuales solo son variantes, lo interesante de esto es que el procedimiento sigue siendo el mismo, y tener siempre presente que las expresiones agrupadas representan un numero o un todo, y si lo tratamos como tales no se tendrá ningún problema. La recomendación que se da es que las expresiones agrupadas se mantengan así hasta el final, o sea, lo último que se debe realizar es desagrupar y simplificar si es necesario.

Ahora se dan algunos ejemplos para los casos especiales los cuales siguen el mismo procedimiento del caso IX.

Ejemplos:

1. Factorizar $(a+b)^3 + 1$.

$$(a+b)^3 + 1 = \underbrace{(a+b)^3}_{a_1=(a+b)} + \underbrace{1}_{b_1=1} = (a_1+b_1)(a_1^2 - a_1 b_1 + b_1^2) = \left[(a+b)+1\right]\left[(a+b)^2 - (a+b)(1) + (1)^2\right]$$

$$= (a+b+1)\left[a^2 + 2ab + b^2 - (a+b) + 1\right] = \underline{(a+b+1)(a^2 + 2ab + b^2 - a - b + 1)}$$

2. Factorizar $8 - (x-y)^3$.

$$8 - (x-y)^3 = \underbrace{8}_{a=2} - \underbrace{(x-y)^3}_{b=(x-y)} = (a-b)(a^2 + ab + b^2) = \left[2-(x-y)\right]\left[(2)^2 + (2)(x-y) + (x-y)^2\right]$$

$$= \underline{(2-x+y)(4 + 2x - 2y + x^2 - 2xy + y^2)}$$

3. Factorizar $(x+1)^3 + (x+2)^3$.

$$(x+1)^3 + (x+2)^3 = \underbrace{(x+1)^3}_{a=(x+1)} + \underbrace{(x+2)^3}_{b=(x+2)} = (a+b)(a^2 - ab + b^2)$$

$$= \left[(x+1)+(x+2)\right]\left[(x+1)^2 - (x+1)(x+2) + (x+2)^2\right]$$

$$= (x+1+x+2)\left[x^2 + 2x + 1 - (x^2 + 3x + 2) + x^2 + 4x + 4\right]$$

$$= (2x+3)(x^2 + 2x + 1 - x^2 - 3x - 2 + x^2 + 4x + 4) = \underline{(2x+3)(x^2 + 3x + 3)}$$

4. Factorizar $(a-b)^3 - (a+b)^3$.

$$(a-b)^3 - (a+b)^3 = \underbrace{(a-b)^3}_{a_1=(a-b)} - \underbrace{(a+b)^3}_{b_1=(a+b)} = (a_1 - b_1)(a_1^2 + a_1 b_1 + b_1^2)$$

$$= \left[(a-b)-(a+b)\right]\left[(a-b)^2 + (a-b)(a+b) + (a+b)^2\right]$$

$$= (a - b - a - b)(a^2 - 2ab + b^2 + a^2 - b^2 + a^2 + 2ab + b^2)$$

$$= (-2b)(3a^2 + b^2) = \underline{-2b(3a^2 + b^2)}$$

Ejercicios:

Factorizar o descomponer en factores.

1. $1+(x+y)^3$ $\qquad R:(1+x+y)(1-x-y+x^2+2xy+y^2)$

2. $1-(a+b)^3$ $\qquad R:(1-a-b)(1+a+b+a^2+2ab+b^2)$

3. $27+(m-n)^3$ $\qquad R:(3+m-n)(9-3m+3n+m^2-2mn+n^2)$

4. $(x-y)^3-8$ $\qquad R:(x-y-2)(x^2-2xy+y^2+2x-2y+4)$

5. $(x+2y)^3+1$ $\qquad R:(x+2y+1)(x^2+4xy+4y^2-x-2y+1)$

6. $1-\left(2a-b\right)^{3}$

$R:\left(1-2a+b\right)\left(1+2a-b+4a^{2}-4ab+b^{2}\right)$

7. $a^{3}+\left(a+1\right)^{3}$

$R:\left(2a+1\right)\left(a^{2}+a+1\right)$

8. $8a^{3}-\left(a-1\right)^{3}$

$R:\left(a+1\right)\left(7a^{2}-4a+1\right)$

9. $27x^{3}-\left(x-y\right)^{3}$

$R:\left(2x+y\right)\left(13x^{2}-5xy+y^{2}\right)$

10. $(2a-b)^3 - 27$ $R:(2a-b-3)(4a^2-4ab+b^2+6a-3b+9)$

11. $x^6 - (x+2)^3$ $R:(x^2-x-2)(x^4+x^3+3x^2+4x+4)$

12. $(a+1)^3 + (a-3)^3$ $R:2(a-1)(a^2-2a+13)$

13. $(x-1)^3 - (x+2)^3$

$$R: -9\left(x^2 + x + 1\right)$$

14. $(x-y)^3 - (x+y)^3$

$$R: -2y\left(3x^2 + y^2\right)$$

15. $(m-2)^3 + (m-3)^3$

$$R: (2m-5)\left(m^2 - 5m + 7\right)$$

16. $(2x-y)^3 + (3x+y)^3$

$R:5x\left(7x^2+3xy+3y^2\right)$

17. $8(a+b)^3 + (a-b)^3$

$R:(3a+b)\left(3a^2+6ab+7b^2\right)$

18. $64(m+n)^3 - 125$

$R:(4m+4n-5)\left(16m^2+32mn+16n^2+20m+20n+25\right)$

Combinación de los casos de factorización:

En la práctica, existen muchos problemas donde se tienen que aplicar varios casos de factorización, en esta sección aprenderás a utilizar o combinar los casos de factorización, para comenzar se recomienda revisar que la expresión tenga factores comunes (Caso I) para simplificar las operaciones y no se nos complique. A estas alturas el lector debe de ser capaz de identificar cada caso de factorización a utilizar, por lo que en los ejemplos siguientes solo se aplicaran los casos sin entrar en detalle, solo se mencionará el caso utilizado como referencia.

Ejemplos:

1. Descomponer $5a^2 - 5$.

$$5a^2 - 5 = \underbrace{5\left(a^2 - 1\right)}_{\text{Caso I}} = 5\underbrace{\left(a^2 - 1\right)}_{\substack{a \quad 1}} = \underline{5(a+1)(a-1)}$$

(Caso IV)

2. Factorizar $3x^3 - 18x^2 y + 27xy^2$.

$$3x^3 - 18x^2 y + 27xy^2 = \underbrace{3x\left(x^2 - 6xy + 9y^2\right)}_{\text{Caso I}} = 3x\underbrace{\left(x^2 - 6xy + 9y^2\right)}_{\text{Caso III}} = \underline{3x(x-3y)^2}$$

3. Descomponer $x^4 - y^4$.

$$x^4 - y^4 = \underbrace{x^4 - y^4}_{x^2 \quad y^2} = \left(x^2 + y^2\right)\left(x^2 - y^2\right) = \left(x^2 + y^2\right)\underbrace{\left(x^2 - y^2\right)}_{x \quad y} = \underline{\left(x^2 + y^2\right)(x+y)(x-y)}$$

(Caso IV) (Caso IV)

4. Factorizar $6ax^2 + 12ax - 90a$.

$$6ax^2 + 12ax - 90a = \underbrace{6a\left(x^2 + 2x - 15\right)}_{\text{Caso I}} = 6a\underbrace{\left(x^2 + 2x - 15\right)}_{\text{Caso VI}} = \underline{6a(x-3)(x+5)}$$

5. Descomponer $3x^4 - 26x^2 - 9$.

$$3x^4 - 26x^2 - 9 = \underbrace{3x^4 - 26x^2 - 9}_{\text{Caso VII}} = \left(x^2 - 9\right)\left(3x^2 + 1\right) = \underbrace{\left(x^2 - 9\right)}_{x \quad 3}\left(3x^2 + 1\right) = \underline{(x+3)(x-3)\left(3x^2 + 1\right)}$$

(Caso IV)

6. Factorizar $8x^3 + 8$.

$$8x^3 + 8 = \underbrace{8(x^3 + 1)}_{\text{Caso I}} = 8\underbrace{\left(\underset{x}{x^3} + \underset{1}{1}\right)}_{\text{Caso IX}} = 8(x+1)\left[(x)^2 - (x)(1) + (1)^2\right] = \underline{8(x+1)(x^2 - x + 1)}$$

7. Descomponer $a^4 - 8a + a^3 - 8$.

$$a^4 - 8a + a^3 - 8 = \underbrace{a\underbrace{(a^3 - 8)}_{A} + \underbrace{(a^3 - 8)}_{A}}_{\text{Caso II}} = aA + A = \underbrace{A(a+1)}_{\text{Caso I}} = (a^3 - 8)(a+1) = \underbrace{\left(\underset{a}{a^3} - \underset{2}{8}\right)}_{\text{Caso IX}}(a+1)$$

$$= (a-2)\left[(a)^2 + (a)(2) + (2)^2\right](a+1) = \underline{(a-2)(a^2 + 2a + 4)(a+1)}$$

8. Factorizar $x^3 - 4x - x^2 + 4$.

$$x^3 - 4x - x^2 + 4 = \underbrace{x\underbrace{(x^2 - 4)}_{A} - \underbrace{(x^2 - 4)}_{A}}_{\text{Caso II}} = xA - A = \underbrace{A(x-1)}_{\text{Caso I}} = (x^2 - 4)(x-1) = \underbrace{\left(\underset{x}{x^2} - \underset{2}{4}\right)}_{\text{Caso IV}}(x-1) = \underline{(x+2)(x-2)(x-1)}$$

9. Descomponer $2x^4 - 32$.

$$2x^4 - 32 = \underbrace{2(x^4 - 16)}_{\text{Caso I}} = 2(x^4 - 16) = 2\underbrace{\left(\underset{x^2}{x^4} - \underset{4}{16}\right)}_{\text{Caso IV}} = 2(x^2 + 4)(x^2 - 4)$$

$$= 2(x^2 + 4)\underbrace{\left(\underset{x}{x^2} - \underset{2}{4}\right)}_{\text{Caso IV}} = \underline{2(x^2 + 4)(x+2)(x-2)}$$

	32	2
	16	2
2 $\boxed{2}$	8	2
1	4	2
	2	$\boxed{2}$
	1	

M.C.D. $= \underline{2}$

10. Factorizar $a^6 - b^6$.

$$a^6 - b^6 = \underbrace{\underset{a^3}{a^6} - \underset{b^3}{b^6}}_{\text{Caso IV}} = (a^3 + b^3)(a^3 - b^3) = \underbrace{\left(\underset{a}{a^3} + \underset{b}{b^3}\right)}_{\text{Caso IX}}\underbrace{\left(\underset{a}{a^3} - \underset{b}{b^3}\right)}_{\text{Caso IX}}$$

$$= (a+b)\left[(a^2) - (a)(b) + (b)^2\right](a-b)\left[(a^2) + (a)(b) + (b)^2\right]$$

$$= \underline{(a+b)(a^2 - ab + b^2)(a-b)(a^2 + ab + b^2)}$$

11. Descomponer $x^4 - 13x^2 + 36$.

$$x^4 - 13x^2 + 36 = \underbrace{\underset{\substack{x^2 \\ x^2}}{x^4}\underset{\substack{-4x^2 \\ -9x^2 \\ \overline{-13x^2}}}{-13x^2}\underset{\substack{-9 \\ -4}}{+36}}_{\text{Caso VI}} = (x^2 - 9)(x^2 - 4) = \underbrace{\left(\underset{x}{x^2} - \underset{3}{9}\right)}_{\text{Caso IV}}\underbrace{\left(\underset{x}{x^2} - \underset{2}{4}\right)}_{\text{Caso IV}} = \underline{(x+3)(x-3)(x+2)(x-2)}$$

12. Factorizar $1 - 18x^2 + 81x^4$.

$$1 - 18x^2 + \underbrace{81x^2}_{} + 81x^4 = \underbrace{1}_{1} \underbrace{-18x^2}_{\substack{2(1)(-9x^2) \\ =-18x^2}} + \underbrace{81x^4}_{-9x^2} = \left(1 - 9x^2\right)^2 = \left(\underbrace{1}_{1} - \underbrace{9x^2}_{3x}\right)^2 = \left[\left(1 - 3x\right)\left(1 + 3x\right)\right]^2 = \underline{\left(1 - 3x\right)^2\left(1 + 3x\right)^2}$$

Caso III   Caso IV

13. Descomponer $4x^5 - x^3 + 32x^2 - 8$.

$$4x^5 - x^3 + 32x^2 - 8 = x^3\underbrace{\left(4x^2 - 1\right)}_{A} + 8\underbrace{\left(4x^2 - 1\right)}_{A} = x^3 A + 8A = \underbrace{A\left(x^3 + 8\right)}_{\text{Caso I}} = \left(4x^2 - 1\right)\left(x^3 + 8\right)$$

Caso II

$$= \left(\underbrace{4x^2}_{2x} - \underbrace{1}_{1}\right)\left(\underbrace{x^3}_{x} + \underbrace{8}_{2}\right) = \left(2x + 1\right)\left(2x - 1\right)\left(x + 2\right)\left[\left(x\right)^2 - \left(x\right)\left(2\right) + \left(2\right)^2\right]$$

Caso IV   Caso IX

$$= \underline{\left(2x + 1\right)\left(2x - 1\right)\left(x + 2\right)\left(x^2 - 2x + 4\right)}$$

32	2		
16	2	8	2
8	2	4	2
4	2	2	2
2	2	1	
1			

$$\text{M.C.D.} = 2 \times 2 \times 2 = \underline{8}$$

14. Factorizar $x^8 - 25x^5 - 54x^2$.

$$x^8 - 25x^5 - 54x^2 = \underbrace{x^2\left(x^6 - 25x^3 - 54\right)}_{\text{Caso I}} = x^2 \underbrace{\left(\begin{array}{ccc} x^6 & -25x^3 & -54 \\ x^3 & 2x^3 & -27 \\ x^3 & \underline{-27x^3} & 2 \\ & -25x^3 & \end{array}\right)}_{\text{Caso VI}} = x^2\left(x^3 - 27\right)\left(x^3 + 2\right) = x^2\underbrace{\left(\underbrace{x^3}_{x} - \underbrace{27}_{3}\right)}_{\text{Caso IX}}\left(x^3 + 2\right)$$

$$= x^2\left(x - 3\right)\left[\left(x\right)^2 + \left(x\right)\left(3\right) + \left(3\right)^2\right]\left(x^3 + 2\right) = \underline{x^2\left(x - 3\right)\left(x^2 + 3x + 9\right)\left(x^3 + 2\right)}$$

Ejercicios:

Factorizar o descomponer en factores.

1. $3a^5 + 3a^3 + 3a$ $R: 3a\left(a^2 - a + 1\right)\left(a^2 + a + 1\right)$

2. $(x+y)^4 - 1$ $\qquad R:\left(x^2 + 2xy + y^2 + 1\right)\left(x + y + 1\right)\left(x + y - 1\right)$

3. $ax^3 + ax^2 y + axy^2 - 2ax^2 - 2axy - 2ay^2$ $\qquad R: a\left(x^2 + xy + y^2\right)\left(x - 2\right)$

4. $2x^4 + 5x^3 - 54x - 135$ $\qquad R:\left(2x + 5\right)\left(x - 3\right)\left(x^2 + 3x + 9\right)$

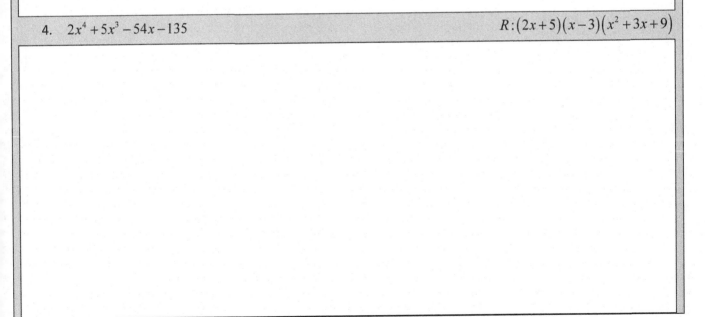

5. $x^{2m+2} - x^2 y^{2n}$

$R : x^2 \left(x^m + y^n \right) \left(x^m - y^n \right)$

6. $a \left(x^3 + 1 \right) + 3ax \left(x + 1 \right)$

$R : a \left(x + 1 \right)^3$

7. $x^2 \left(x^2 - y^2 \right) - \left(2x - 1 \right) \left(x^2 - y^2 \right)$

$R : \left(x + y \right) \left(x - y \right) \left(x - 1 \right)^2$

8. $a^3x^2 - 5a^3x + 6a^3 + x^2 - 5x + 6$ $R:(x-3)(x-2)(a+1)(a^2-a+1)$

9. $3a^2m + 9am - 30m + 3a^2 + 9a - 30$ $R:3(a+5)(a-2)(m+1)$

10. $3abx^2 - 12ab + 3bx^2 - 12b$ $R:3b(x+2)(x-2)(a+1)$

11. $a^7 - ab^6$

$R: a(a+b)(a^2 - ab + b^2)(a-b)(a^2 + ab + b^2)$

12. $2a^4 - 2a^3 - 4a^2 - 2a^2 b^2 + 2ab^2 + 4b^2$

$R: 2(a-2)(a+1)(a+b)(a-b)$

13. $x^6 + 5x^5 - 81x^2 - 405x$

$R: x(x+5)(x^2 + 9)(x-3)(x+3)$

14. $3 - 3a^6$ $R: 3(1-a)(1+a+a^2)(1+a)(1-a+a^2)$

15. $4ax^2(a^2 - 2ax + x^2) - a^3 + 2a^2x - ax^2$ $R: a(a-x)^2(2x-1)(2x+1)$

16. $x^7 + x^4 - 81x^3 - 81$

$R:(x+1)(x^2-x+1)(x^2+9)(x+3)(x-3)$

17. $x^{17} - x$

$R:x(x^8+1)(x^4+1)(x^2+1)(x+1)(x-1)$

18. $3x^6 - 75x^4 - 48x^2 + 1200$

$R: 3(x-5)(x+5)(x^2+4)(x+2)(x-2)$

19. $a^6x^2 - x^2 + a^6x - x$

$R: x(x+1)(a+1)(a^2-a+1)(a-1)(a^2+a+1)$

20. $\left(a^2 - ax\right)\left(x^4 - 82x^2 + 81\right)$

$R: a(a-x)(x+9)(x-9)(x+1)(x-1)$

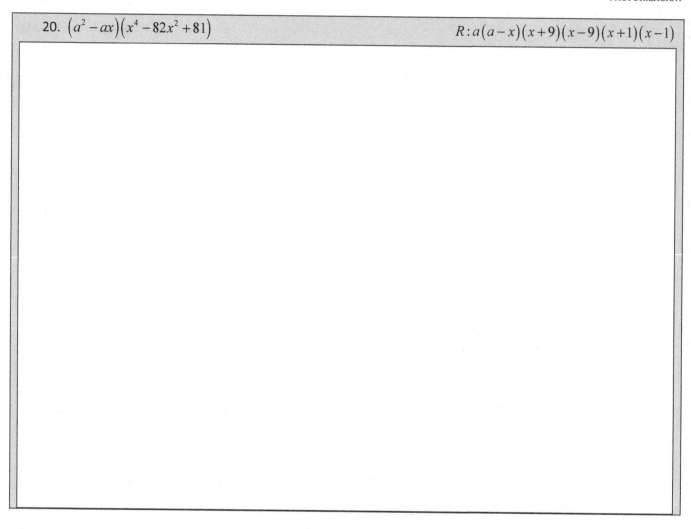

Caso X. Descomposición de un polinomio en factores por el método de evaluación:

Este método de factorización se aplica a polinomios que tienen cuatro o más términos. El método utilizado es por la regla de Ruffini (división sintética, estudiado en el tema 8) con el objetivo de encontrar un cociente (factor) que al multiplicarse por el divisor (factor) dé como producto al dividendo (polinomio a factorizar). Para cumplir con lo anterior es necesario observar que el residuo debe ser cero, (o sea, es una división exacta).

Se aplica el teorema del factor, como ya se estudió y que dice: Un polinomio $f(x)$ tiene como factor a $(x-a)$ si y solo si para $x=a$, $f(a)=0$ (es decir, el valor del polinomio es cero)

La condición necesaria de divisibilidad está dada por el corolario del teorema del residuo. Para que un polinomio $f(x)$ sea divisible por $(x-a)$ es condición necesaria pero no suficiente que el término independiente del dividendo sea divisible entre $x-a$. En el corolario del teorema del residuo se estudió la divisibilidad de $f(x)$ entre $x-a$, y se demostró que si un polinomio entero y racional en x se anula para $x=a$, el polinomio es divisible entre $x-a$.

Apliquemos este principio a la descomposición de un polinomio en factores por el *método de evaluación*.

El método de evaluación está diseñado para factorizar completamente un polinomio entero en x, para él utilizamos, el teorema del factor y la división sintética o regla de Ruffini.

226

Ejemplos:

1. Descomponer por evaluación $x^3 + 2x^2 - x - 2$.

Primero se acomoda el polinomio en orden decreciente con respecto a su grado, en este caso ya está acomodado

$$x^3 + 2x^2 - x - 2$$

Se toma los coeficientes del primer y cuarto término en este caso, o sea, el primero y el último en cualquier polinomio. De los cuales se obtiene sus múltiplos que pueden ser positivos o negativos como se indica

$$\pm \frac{\text{Multiplos del coeficiente del último término}}{\text{Multiplos del coeficiente del primer término}} = \pm \frac{2,1}{1}$$

De dichos múltiplos se van probando hasta que tenga una división exacta, en este caso se puede probar con

$$+\frac{1}{1} = 1, \quad -\frac{1}{1} = -1, \quad +\frac{2}{1} = 2 \quad y \quad -\frac{2}{1} = -2$$

La división sintética es

$$
\begin{array}{r|rrrr}
 & 1 & 2 & -1 & -2 \\
 &   & 1 & 3 & 2 \\
\hline
1 & 1 & 3 & 2 & \underline{0} \\
\end{array}
$$

Cociente   Residuo

De donde se obtiene

$$x^3 + 2x^2 - x - 2 = (x-1)(x^2 + 3x + 2)$$

Cuando se tiene un polinomio de segundo grado, se puede usar alguno de los casos ya estudiados para terminar la factorización.

$$x^3 + 2x^2 - x - 2 = (x-1)\underbrace{\left(\underset{\substack{x \\ x}}{x^2} \underset{\substack{x \\ 2x \\ 3x}}{+3x} \underset{\substack{2 \\ 1}}{+2} \right)}_{\text{Caso VI}} = (x-1)(x+2)(x+1)$$

En los ejemplos restantes se realizara el mismo procedimiento, sin tanta explicación, si tienes alguna duda repasa el ejemplo 1.

2. Factorización por evaluación $x^3 - 3x^2 - 4x + 12$.

$$\pm \frac{12,6,4,3,2,1}{1}$$

$$
\begin{array}{r|rrrr}
 & 1 & -3 & -4 & 12 \\
 &   & 2 & -2 & -12 \\
\hline
2 & 1 & -1 & -6 & \underline{0} \\
\end{array}
$$

Cociente   Residuo

$$x^3 - 3x^2 - 4x + 12 = (x-2)\underbrace{\left(\underset{\substack{x \\ x}}{x^2} \underset{\substack{2x \\ -3x \\ -x}}{-x} \underset{\substack{-3 \\ 2}}{-6} \right)}_{\text{Caso VI}} = (x-2)(x-3)(x+2)$$

3. Factorizar por evaluación $x^4 - 11x^2 - 18x - 8$.

$$\pm \frac{8,4,2,1}{1}$$

	1	0	−11	−18	−8
		−1	1	10	8
−1	1	−1	−10	−8	$\underline{|0}$
		−1	2	8	
−1	1	−2	−8	$\underline{|0}$	

$$x^4 - 11x^2 - 18x - 8 = (x+1)(x+1)\underbrace{\left(x^2 \underset{\substack{x \\ x}}{-2x} \underset{\substack{2x \\ -4x}}{-8} \right)}_{\text{Caso IV}} = (x+1)^2(x-4)(x+2)$$

4. Descomponer por evaluación $x^5 - x^4 - 7x^3 - 7x^2 + 22x + 24$.

$$\pm \frac{24,12,8,6,4,3,2,1}{1}$$

	1	−1	−7	−7	22	24
		−1	2	5	2	−24
−1	1	−2	−5	−2	24	$\underline{|0}$
		2	0	−10	−24	
2	1	0	−5	−12	$\underline{|0}$	
		3	9	12		
3	1	3	4	$\underline{|0}$		

$$x^5 - x^4 - 7x^3 - 7x^2 + 22x + 24 = (x+1)(x-1)(x-3) \underbrace{\left(x^2 + 3x + 4 \right)}_{\text{¿Se podrá factorizar este factor?}}$$

Nota: Para verificar si un polinomio de segundo grado se pueda factorizar, usaremos una prueba rápida llamada *discriminante* (Se estudia con más detalle en el tema 14, Tomo II), que es como se enuncia:

$$\text{Sí, } b^2 - 4ac \geq 0 \text{ Se puede factorizar en los números reales}$$
$$\text{Sí, } b^2 - 4ac < 0 \text{ No se puede factorizar en los números reales}$$

donde a, b y c son los coeficientes del polinomio de segundo grado $ax^2 + bx + c$.

En este ejemplo 4, se tiene que el factor $x^2 + 3x + 4$ no se puede factorizar en los reales como se puede ver en la prueba.

$$a = 1$$
$$b = 3$$
$$c = 4$$

entonces $b^2 - 4ac = (3)^2 - 4(1)(4) = 9 - 16 = -7 < 0$, por lo que no se puede factorizar en los números reales.

$$\therefore \quad x^5 - x^4 - 7x^3 - 7x^2 + 22x + 24 = (x+1)(x-2)(x-3)(x^2 + 3x + 4)$$

5. Factorizar por evaluación $6x^5 + 19x^4 - 59x^3 - 160x^2 - 4x + 48$.

$$\pm \frac{48,24,16,12,8,6,4,3,2,1}{6,3,2,1}$$

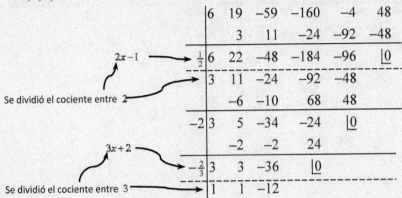

entonces,

$$6x^5 + 19x^4 - 59x^3 - 160x^2 - 4x + 48 = (2x-1)(x+2)(3x+2)(x^2+x-12) = (2x-1)(x+2)(3x+2)\underbrace{\begin{array}{c} x^2 + x - 12 \\ x \quad 4x \quad -3 \\ x \quad -3x \quad 4 \\ x \end{array}}_{\text{Caso VI}}$$

$$= (2x-1)(x+2)(3x+2)(x-3)(x+4)$$

6. Descomponer por evaluación $3a^6 - 47a^4 - 21a^2 + 80$.

$$\pm \frac{80,40,20,10,16,8,5,4,2,1}{3,1}$$

	3	0	−47	0	−21	0	80
		12	48	4	16	−20	−80
4	3	12	1	4	−5	−20	$\underline{|0}$
		−12	0	−4	0	20	
−4	3	0	1	0	−5	$\underline{|0}$	

entonces, $3a^6 - 47a^4 - 21a^2 + 80 = (a-4)(a+4)(3a^4+a^2-5) = (a-4)(a+4)\ \underbrace{(3a^4+a^2-5)}_{\text{¿Se podrá factorizar este factor?}}$

Para contestar la pregunta se tiene que el factor $3a^4 + a^2 - 5$ no se puede seguir factorizando por ningún método visto hasta el momento, pero si se puede factorizar, ya que su discriminante es $(1)^2 - 4(3)(-5) = 1 + 60 = 61 > 0$, lo que indica que si se puede factorizar en los reales como se vio en el ejemplo 4. El procedimiento o método para poder factorizarlo se estudiara en el tema 14 Tomo II.

$$\therefore\ 3a^6 - 47a^4 - 21a^2 + 80 = (a-4)(a+4)(3a^4+a^2-5)$$

Ejercicios:

Factorizar o descomponer en factores por el método de evaluación.

1. $x^3 + x^2 - x - 1$ $R : (x+1)^2 (x-1)$

2. $x^3 - 4x^2 + x + 6$ $R : (x+1)(x-3)(x-2)$

3. $a^3 - 3a^2 - 4a + 12$

$R:(a-2)(a-3)(a+2)$

4. $m^3 - 12m + 16$

$R:(m-2)^2(m+4)$

5. $2x^3 - x^2 - 18x + 9$

$R:(x-3)(2x-1)(x+3)$

6. $a^3 + a^2 - 13a - 28$

$R:(a-4)(a^2 + 5a + 7)$

7. $x^3 + 2x^2 + x + 2$

$R:(x+2)(x^2+1)$

8. $n^3 - 7n + 6$

$R:(n-1)(n+3)(n-2)$

9. $x^3 - 6x^2 + 32$

$R:(x-4)^2(x+2)$

10. $6x^3 + 23x^2 + 9x - 18$

$R:(x+3)(3x-2)(2x+3)$

11. $x^4 - 4x^3 + 3x^2 + 4x - 4$ $R : (x-1)(x+1)(x-2)^2$

12. $x^4 - 2x^3 - 13x^2 + 14x + 24$ $R : (x+1)(x-2)(x+3)(x-4)$

13. $a^4 - 15a^2 - 10a + 24$ $R: (a-1)(a+2)(a-4)(a+3)$

14. $n^4 - 27n^2 - 14n + 120$ $R: (n-2)(n+3)(n-5)(n+4)$

15. $x^4 + 6x^3 + 3x + 140$

$R:(x+5)(x+4)(x^2-3x+7)$

16. $8a^4 - 18a^3 - 75a^2 + 46a + 120$

$R:(a+2)(a-4)(2a-3)(4a+5)$

17. $x^4 - 22x^2 - 75$

$R: (x-5)(x+5)(x^2+3)$

18. $15x^4 + 94x^3 - 5x^2 - 164x + 60$

$R: (x-1)(x+6)(3x+5)(5x-2)$

19. $x^5 - 21x^3 + 16x^2 + 108x - 144$ $R:(x-2)^2(x-3)(x+4)(x+3)$

20. $a^5 - 23a^3 - 6a^2 + 112a + 96$ $R:(a+1)(a+2)(a-3)(a+4)(a-4)$

10. MÍNIMO COMÚN MÚLTIPLO

El Mínimo Común Múltiplo (M. C. M.) de dos o más expresiones algebraicas es toda expresión que es divisible exactamente por cada una de las expresiones dadas.

El Mínimo Común Múltiplo (M. C. M.) de dos o más expresiones algebraicas es la expresión algebraica de menor coeficiente numérico y de menor grado que es divisible exactamente por cada una de las expresiones dadas.

Encontrar el M. C. M. puede ser útil para poder hacer ciertas operaciones con fracciones algebraicas.

M. C. M. De Monomios

Se halla el M. C. M. de los coeficientes y a continuación de éste se escriben todas las letras distintas, sean o no comunes, dando a cada letra el mayor exponente que tenga en las expresiones dadas.

Ejemplos:

1. Hallar el M. C. M. de ax^2 y a^3x.

En este caso, primero se colocan las letras que son distintas y son la a y la x, después se colocan los exponentes de mayor grado de cada letra que son 3 y 2 respectivamente por lo que nos queda

$$\text{M. C. M. } = a^3x^2$$

2. Hallar el M. C. M. de $8ab^2c$ y $12a^3b^2$.

Ahora, a diferencia del ejemplo anterior, primero se obtiene el M. C. M. de los coeficientes 8 y 12

$$
\begin{array}{rr|l}
8 & 12 & 2 \\
4 & 6 & 2 \\
2 & 3 & 2 \\
1 & 3 & 3 \\
\hline
1 & 1 & 24
\end{array}
$$

Se multiplican

Este es el M. C. M. de los coeficientes

después se colocan las letras distintas que en este caso son a, b y c, por último se colocan los exponentes de mayor grado que son 3, 2 y 1 respectivamente, por lo que el

$$\text{M. C. M. } = 24a^3b^2c$$

3. Hallar el M. C. M. de $10a^3x$, $36a^2mx^2$ y $24b^2m^4$.

Primero se obtiene el M. C. M. de los coeficientes 10, 36 y 24

$$
\begin{array}{rrr|l}
10 & 36 & 24 & 2 \\
5 & 18 & 12 & 2 \\
5 & 9 & 6 & 2 \\
5 & 9 & 3 & 3 \\
5 & 3 & 1 & 3 \\
5 & 1 & 1 & 5 \\
\hline
1 & 1 & 1 & 360
\end{array}
$$

Se multiplican

Este es el M. C. M. de los coeficientes

---

después se colocan las letras distintas que en este caso son a, b, m y x, por último se colocan los exponentes de mayor grado que son 3, 2, 4 y 2 respectivamente, por lo que el

$$M.\ C.\ M.\ =\underline{360a^3b^2m^4x^2}$$

Ejercicios:
Hallar el Mínimo Común Múltiplo de:

1. a^2, ab^2 $\hspace{2cm} R:a^2b^2$

2. ab^2c, a^2bc $\hspace{2cm} R:a^2b^2c$

3. $6m^2n$, $4m^3$ $\hspace{2cm} R:12m^3n$

4. a^3, ab^2, a^2b $\hspace{2cm} R:a^3b^2$

5. $2ab^2$, $4a^2b$, $8a^3$ $R:8a^3b^2$

6. $6mn^2$, $9m^2n^3$, $12m^3n$ $R:36m^3n^3$

7. $5x^2$, $10xy$, $15xy^2$ $R:30x^2y^2$

8. ax^3y^2 , a^3xy , $a^2x^2y^3$ $R:a^3x^3y^3$

9. $4ab$, $6a^2$, $3b^2$

$R:12a^2b^2$

10. $3x^3$, $6x^2$, $9x^4y^2$

$R:18x^4y^2$

11. $9a^2bx$, $12ab^2x^2$, $18a^3b^3x$

$R:36a^3b^3x^2$

12. $10m^2$, $15mn^2$, $20n^3$

$R:60m^2n^3$

13. $18a^3$, $24b^2$, $36ab^3$ $R:72a^3b^3$

14. $20m^2n^3$, $24m^3n$, $30mn^2$ $R:120m^3n^3$

15. ab^2, bc^2, a^2c^3, b^3c^3 $R:a^2b^3c^3$

16. $2x^2y$, $8xy^3$, $4a^2x^3$, $12a^3$ $R:24a^3x^3y^3$

17. $6a^2$, $9x$, $12ay^2$, $18x^3y$ $R: 36a^2x^3y^2$

18. $15mn^2$, $10m^2$, $20n^3$, $25mn^4$ $R: 300m^2n^4$

19. $24a^2x^3$, $36a^2y^4$, $40x^2y^5$, $60a^3y^6$ $R: 360a^3x^3y^6$

20. $3a^3$, $8ab$, $10b^2$, $12a^2b^3$, $16a^2b^2$ $R: 240a^3b^3$

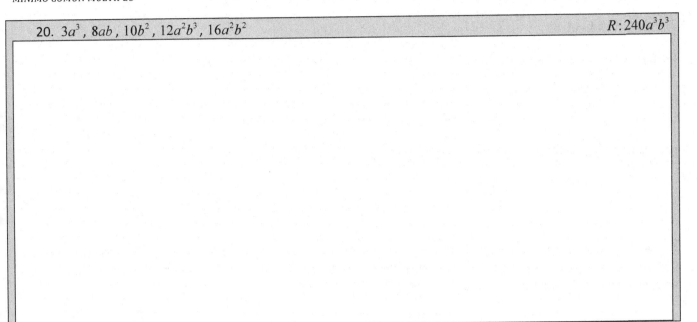

M. C. M. De Monomios y Polinomios

Recordemos que dadas varias expresiones, su M. C. M. es aquella expresión con el menor grado y los menores coeficientes que se puede dividir exactamente por cada una de ellas

Los factores primos (Ver página 270) de un cierto número son aquellos factores en los que éste se puede descomponer de manera que el número se puede expresar sólo como el producto de números primos y sus potencias.

Aquí se factorizan las expresiones dadas en sus factores primos. El M. C. M. es el producto de los factores primos, comunes y no comunes, con su mayor exponente.

Ejemplos:

1. Hallar el M. C. M. de 6, $3x-3$.

Iniciamos factorizando los polinomios que no estén en sus factores primos, en este caso

$$\rightarrow 6$$
$$\rightarrow 3x-3 = 3(x-1)$$

Después se obtiene el M. C. M. de los coeficientes que son el 6 y el 3

$$
\begin{array}{cc|c}
6 & 3 & 2 \\
3 & 3 & 3 \\
1 & 1 & 6
\end{array}
$$

⎱ Se multiplican

Este es el M. C. M. de los coeficientes

Por último primero se coloca el M. C. M. de los coeficientes que es 6 y después se coloca los factores primos distintos y si se repiten se coloca solo una vez y si son de grado diferente se coloca el de mayor grado por lo que en este caso solo se tiene el factor $x-1$, entonces se tiene que el

$$\text{M. C. M.} = \underline{6(x-1)}$$

2. Hallar el M. C. M. de $14a^2$, $7x-21$.

Iniciamos factorizando los polinomios que no estén en sus factores primos, en este caso

$$\rightarrow 14a^2$$
$$\rightarrow 7x-21 = 7(x-3)$$

Después se obtiene el M. C. M. de los coeficientes que son el 14 y el 7

$$
\begin{array}{rr|l}
14 & 7 & 2 \\
7 & 7 & 7 \\
1 & 1 & 14
\end{array}
$$
$\left.\right\}$ Se multiplican

Este es el M. C. M. de los coeficientes

Por último, primero se coloca el M. C. M. de los coeficientes que es 14 y después se colocan los factores primos distintos y si se repiten se coloca solo una vez y si son de grado diferente se coloca el de mayor grado por lo que en este caso solo se tienen los factores a^2 y $x-3$, entonces se tiene que el

$$\text{M. C. M.} = \underline{14a^2(x-3)}$$

3. Hallar el M. C. M. de $15x^2$, $10x^2+5x$, $45x^3$.

Iniciamos factorizando los polinomios que no estén en sus factores primos, en este caso

$$\rightarrow 15x^2$$
$$\rightarrow 10x^2+5x = 5x(2x+1)$$
$$\rightarrow 45x^3$$

Después se obtiene el M. C. M. de los coeficientes que son el 15, 5 y 45

$$
\begin{array}{rrr|l}
15 & 5 & 45 & 3 \\
5 & 5 & 15 & 3 \\
5 & 5 & 5 & 5 \\
1 & 1 & 1 & 45
\end{array}
$$
$\left.\right\}$ Se multiplican

Este es el M. C. M. de los coeficientes

Por último, primero se coloca el M. C. M. de los coeficientes que es 45 y después se colocan los factores primos distintos y si se repiten se coloca solo una vez y si son de grado diferente se coloca el de mayor grado por lo que en este caso solo se tienen los factores x^3 y $2x+1$, entonces se tiene que el

$$\text{M. C. M.} = \underline{45x^3(2x+1)}$$

4. Hallar el M. C. M. de $8a^2b$, $4a^3-4a$, $6a^2-12a+6$.

Iniciamos factorizando los polinomios que no estén en sus factores primos, en este caso

$$\rightarrow 8a^2b$$
$$\rightarrow 4a^3-4a = 4a\left(\underset{a}{a^2}-\underset{1}{1}\right) = 4a(a+1)(a-1)$$
$$\rightarrow 6a^2-12a+6 = 6\left(\underset{a}{a^2}\ \underset{\substack{2(a)(-1)\\=-2a}}{-2a}+\underset{-1}{1}\right) = 6(a-1)^2$$

Después se obtiene el M. C. M. de los coeficientes que son el 8, 4 y 6

$$
\begin{array}{ccc|c}
8 & 4 & 6 & 2 \\
4 & 2 & 3 & 2 \\
2 & 1 & 3 & 2 \\
1 & 1 & 3 & 3 \\
1 & 1 & 1 & 24
\end{array}
$$

Se multiplican

Este es el M. C. M. de los coeficientes

Por último, primero se coloca el M. C. M. de los coeficientes que es 24 y después se colocan los factores primos distintos y si se repiten se coloca solo una vez y si son de grado diferente se coloca el de mayor grado por lo que en este caso solo se tienen los factores a^2, b, $a+1$ y $(a-1)^2$, entonces se tiene que el

$$
\text{M. C. M.} = 24a^2b(a+1)(a-1)^2
$$

5. Hallar el M. C. M. de $24a^2x$, $18xy^2$, $2x^3+2x^2-40x$, $8x^4-200x^2$.

Iniciamos factorizando los polinomios que no estén en sus factores primos, en este caso

$$\rightarrow 24a^2x$$

$$\rightarrow 18xy^2$$

$$\rightarrow 2x^3+2x^2-40x = 2x\left(\underset{\substack{x \;\; 5x \;\; -4 \\ x \;\; -4x \;\; 5 \\ x}}{x^2+x-20}\right) = 2x(x-4)(x+5)$$

$$\rightarrow 8x^4-200x^2 = 8x^2\left(\underset{\substack{x \;\;\;\; 5}}{x^2-25}\right) = 8x^2(x+5)(x-5)$$

Después se obtiene el M. C. M. de los coeficientes que son el 24, 18, 2 y 8

$$
\begin{array}{cccc|c}
24 & 18 & 2 & 8 & 2 \\
12 & 9 & 1 & 4 & 2 \\
6 & 9 & 1 & 2 & 2 \\
3 & 9 & 1 & 1 & 3 \\
1 & 3 & 1 & 1 & 3 \\
1 & 1 & 1 & 1 & 72
\end{array}
$$

Se multiplican

Este es el M. C. M. de los coeficientes

Por último, primero se coloca el M. C. M. de los coeficientes que es 72 y después se colocan los factores primos distintos y si se repiten se coloca solo una vez y si son de grado diferente se coloca el de mayor grado por lo que en este caso solo se tienen los factores a^2, x^2, y^2, $x-4$, $x+5$ y $x-5$, entonces se tiene que el

$$
\text{M. C. M.} = 72a^2x^2y^2(x-4)(x+5)(x-5)
$$

Ejercicios:

Hallar el Mínimo Común Múltiplo (M. C. M.) de:

1. $2a$, $4x-8$ $R: 4a(x-2)$

2. x^2y, x^2y+xy^2 $R: x^2y(x+y)$

3. $6a^2b$, $3a^2b^2+6ab^3$ $R: 6a^2b^2(a+2b)$

4. $9m$, $6mn^2-12mn$ $R: 18mn(n-2)$

5. 10 , $5-15b$ $\hspace{2cm}$ $R:10(1-3b)$

6. $12xy^2$, $2ax^2y^3+5x^2y^3$ $\hspace{2cm}$ $R:12x^2y^3(2a+5)$

7. $2a^2$, $6ab$, $3a^2-6ab$ $\hspace{2cm}$ $R:6a^2b(a-2b)$

8. $9a^2$, $18b^3$, $27a^4b+81a^3b^2$ $\hspace{2cm}$ $R:54a^3b^3(a+3b)$

9. $4x$, $x^3 + x^2$, $x^2 y - xy$

$R: 4x^2 y(x+1)(x-1)$

10. $2a^2 b^2$, $3ax + 3a$, $6x - 18$

$R: 6a^2 b^2 (x+1)(x-3)$

11. $6ab$, $x^2 - 4xy + 4y^2$, $9a^2 x - 18a^2 y$

$R: 18a^2 b(x-2y)^2$

12. $6x^3$, $3x^3 - 3x^2 - 18x$, $9x^4 - 36x^2$ $R: 18x^3(x-3)(x+2)(x-2)$

13. a^2x^2, $4x^3 - 12x^2y + 9xy^2$, $2x^4 - 3x^3y$ $R: a^2x^3(2x-3y)^2$

14. $8x^3$, $12x^2y^2$, $9x^2 - 45x$ $R: 72x^3y^2(x-5)$

15. an^3, $2n$, $n^2x^2 + n^2y^2$, $nx^2 + 2nxy + ny^2$ $R: 2an^3\left(x^2 + y^2\right)\left(x + y\right)^2$

16. $8x^2$, $x^3 + x^2 - 6x$, $2x^3 - 8x^2 + 8x$, $4x^3 + 24x^2 + 36x$ $R: 8x^2\left(x + 3\right)^2\left(x - 2\right)^2$

17. $3x^3$, $x^3 + 1$, $2x^2 - 2x + 2$, $6x^3 + 6x^2$　　　　　$R: 6x^3(x+1)(x^2 - x + 1)$

18. $4xy^2$, $3x^3 - 3x^2$, $a^2 + 2ab + b^2$, $ax - a + bx - b$　　　　　$R: 12x^2y^2(x-1)(a+b)^2$

19. $2a$, $4b$, $6a^2b$, $12a^2 - 24ab + 12b^2$, $5ab^3 - 5b^4$ $\qquad\qquad R: 60a^2b^3\left(a-b\right)^2$

20. $28x$, $x^2 + 2x + 1$, $x^2 + 1$, $7x^2 + 7$, $14x + 14$ $\qquad\qquad R: 28x\left(x+1\right)^2\left(x^2+1\right)$

Mínimo Común Múltiplo De Polinomios

La regla es la misma del caso anterior.

Ejemplos:

1. Hallar el M. C. M. de $4ax^2 - 8axy + 4ay^2$, $6b^2x - 6b^2y$.

Iniciamos factorizando los polinomios que no estén en sus factores primos, en este caso

$$\rightarrow 4ax^2 - 8axy + 4ay^2 = 4a\left(\underbrace{x^2}_{x} - \underbrace{2xy}_{\substack{2(x)(y) \\ =2xy}} + \underbrace{y^2}_{y} \right) = 4a(x-y)^2$$

$$\rightarrow 6b^2x - 6b^2y = 6b^2(x-y)$$

Después se obtiene el M. C. M. de los coeficientes que son el 4, y 6

$$
\begin{array}{rr|l}
4 & 6 & 2 \\
2 & 3 & 2 \quad \text{Se multiplican} \\
1 & 3 & \underline{3} \\
1 & 1 & 12 \longleftarrow \text{Este es el M. C. M. de los coeficientes}
\end{array}
$$

Por último, primero se coloca el M. C. M. de los coeficientes que es 12 y después se colocan los factores primos distintos y si se repiten se coloca solo una vez y si son de grado diferente se coloca el de mayor grado por lo que en este caso solo se tienen los factores a, b^2, y $(x-y)^2$, entonces se tiene que el

$$\text{M. C. M.} = 12ab^2(x-y)^2$$

2. Hallar el M. C. M. de $x^3 + 2bx^2$, $x^3y - 4b^2xy$, $x^2y^2 + 4bxy^2 + 4b^2y^2$.

Iniciamos factorizando los polinomios que no estén en sus factores primos, en este caso

$$\rightarrow x^3 + 2bx^2 = x^2(x+2b)$$

$$\rightarrow x^3y - 4b^2xy = xy\left(\underbrace{x^2}_{x} - \underbrace{4b^2}_{2b} \right) = xy(x+2b)(x-2b)$$

$$\rightarrow x^2y^2 + 4bxy^2 + 4b^2y^2 = y^2\left(\underbrace{x^2}_{x} + \underbrace{4bx}_{\substack{2(x)(2b) \\ =4bx}} + \underbrace{4b^2}_{2b} \right) = y^2(x+2b)^2$$

En este caso todos los coeficientes son la unidad

Se colocan los factores primos distintos y si se repiten se coloca solo una vez y si son de grado diferente se coloca el de mayor grado por lo que en este caso solo se tienen los factores x^2, y^2, $x-2b$ y $(x+2b)^2$, entonces se tiene que el

$$\text{M. C. M.} = x^2y^2(x-2b)(x+2b)^2$$

3. Hallar el M. C. M. de $m^2 - mn$, $mn + n^2$, $m^2 - n^2$.

Iniciamos factorizando los polinomios que no estén en sus factores primos, en este caso

$$\to m^2 - mn = m(m-n)$$

$$\to mn + n^2 = n(m+n)$$

$$\to \underset{m}{\underbrace{m^2}} - \underset{n}{\underbrace{n^2}} = (m+n)(m-n)$$

En este caso todos los coeficientes son la unidad

Se colocan los factores primos distintos y si se repiten se coloca solo una vez y si son de grado diferente se coloca el de mayor grado por lo que en este caso solo se tienen los factores m, n, $m+n$ y $m-n$, entonces se tiene que el

$$\text{M. C. M.} = \underline{mn(m+n)(m-n)}$$

4. Hallar el M. C. M. de $(a-b)^2$, $a^2 - b^2$, $a^2 + b^2$, $(a+b)^2$.

Iniciamos factorizando los polinomios que no estén en sus factores primos, en este caso

$$\to (a-b)^2$$

$$\to \underset{a}{\underbrace{a^2}} - \underset{b}{\underbrace{b^2}} = (a+b)(a-b)$$

$$\to a^2 + b^2$$

$$\to (a+b)^2$$

En este caso todos los coeficientes son la unidad

Se colocan los factores primos distintos y si se repiten se coloca solo una vez y si son de grado diferente se coloca el de mayor grado por lo que en este caso solo se tienen los factores $(a-b)^2$, $(a+b)^2$, y a^2+b^2, entonces se tiene que el

$$\text{M. C. M.} = \underline{(a-b)^2 (a+b)^2 (a^2+b^2)}$$

5. Hallar el M. C. M. de $(x+1)^3$, $x^3 + 1$, $x^2 - 2x - 3$.

Iniciamos factorizando los polinomios que no estén en sus factores primos, en este caso

$$\to (x+1)^3$$

$$\to \underset{x}{\underbrace{x^3}} + \underset{1}{\underbrace{1}} = (x+1)\left[(x)^2 - (x)(1) + (1)^2\right] = (x+1)(x^2 - x + 1)$$

$$\to \underset{x}{\underbrace{x^2}} \underset{x}{\underbrace{-2x}} \underset{-3}{\underbrace{-3}} = (x-3)(x+1)$$

$$\begin{matrix} x & -3x & 1 \\ & -2x & \end{matrix}$$

En este caso todos los coeficientes son la unidad

Se colocan los factores primos distintos y si se repiten se coloca solo una vez y si son de grado diferente se coloca el de mayor grado por lo que en este caso solo se tienen los factores $(x+1)^3$, x^2-x+1, y $x-3$, entonces se tiene que el

$$\text{M. C. M.} = (x+1)^3 \left(x^2-x+1\right)(x-3)$$

6. Hallar el M. C. M. de $(x-y)^3$, x^3-y^3, $x^3-xy^2+x^2y-y^3$, $3a^2x+3a^2y$.

Iniciamos factorizando los polinomios que no estén en sus factores primos, en este caso

$$\rightarrow (x-y)^3$$

$$\rightarrow \underset{x}{x^3} - \underset{y}{y^3} = (x-y)\left[(x)^2+(x)(y)+(y)^2\right] = (x-y)\left(x^2+xy+y^2\right)$$

$$\rightarrow x^3-xy^2+x^2y-y^3 = x\underbrace{\left(x^2-y^2\right)}_{A}+y\underbrace{\left(x^2-y^2\right)}_{A} = xA+yA = A(x+y) = \left(\underset{x}{x^2}-\underset{y}{y^2}\right)(x+y)$$

$$= (x+y)(x-y)(x+y) = (x-y)(x+y)^2$$

$$\rightarrow 3a^2x+3a^2y = 3a^2(x+y)$$

Después se obtiene el M. C. M. de los coeficientes que son el 1, y 3. Por lo que el M. C. M. es 3.

Por último, primero se coloca el M. C. M. de los coeficientes que es 3 y después se colocan los factores primos distintos y si se repiten se coloca solo una vez y si son de grado diferente se coloca el de mayor grado por lo que en este caso solo se tienen los factores a^2, $(x-y)^3$, $(x+y)^2$ y x^2+xy+y^2, entonces se tiene que el

$$\text{M. C. M.} = 3a^2(x-y)^3\left(x^2+xy+y^2\right)(x+y)^2$$

7. Hallar el M. C. M. de $15x^3+20x^2+5x$, $3x^3-3x+x^2-1$, $27x^4+18x^3+3x^2$.

Iniciamos factorizando los polinomios que no estén en sus factores primos, en este caso

$$\rightarrow 15x^3+20x^2+5x = 5x\left(\underset{\underset{3x}{x}}{3x^2}\underset{\underset{\frac{3x}{4x}}{x}}{+4x}\underset{\underset{1}{1}}{+1}\right) = 5x(x+1)(3x+1)$$

$$\rightarrow 3x^3-3x+x^2-1 = 3x\underbrace{\left(x^2-1\right)}_{A}+\underbrace{\left(x^2-1\right)}_{A} = 3xA+A = A(3x+1) = \left(\underset{x}{x^2}-\underset{1}{1}\right)(3x+1) = (x+1)(x-1)(3x+1)$$

$$\rightarrow 27x^4+18x^3+3x^2 = 3x^2\left(\underset{\underset{3x}{}}{9x^2}+\underset{\underset{\underset{=6x}{2(3x)(1)}}{}}{6x}+\underset{\underset{1}{}}{1}\right) = 3x^2(3x+1)^2$$

Después se obtiene el M. C. M. de los coeficientes que son el 5, 1 y 3

$$
\begin{array}{ccc|c}
5 & 1 & 3 & 3 \\
5 & 1 & 1 & \underline{5} \\
1 & 1 & 1 & 15
\end{array}
$$

⎱ Se multiplican

Este es el M. C. M. de los coeficientes

Por último, primero se coloca el M. C. M. de los coeficientes que es 15 y después se colocan los factores primos distintos y si se repiten se coloca solo una vez y si son de grado diferente se coloca el de mayor grado por lo que en este caso solo se tienen los factores x^2, $(3x+1)^2$, $(x+1)$ y $(x-1)$, entonces se tiene que el

$$
\text{M. C. M.} = 15x^2(3x+1)^2(x+1)(x-1)
$$

8. Hallar el M. C. M. de $2x^3 - 8x$, $3x^4 + 3x^3 - 18x^2$, $2x^5 + 10x^4 + 12x^3$, $6x^2 - 24x + 24$.

Iniciamos factorizando los polinomios que no estén en sus factores primos, en este caso

$$
\rightarrow 2x^3 - 8x = 2x\left(\underset{x}{x^2} - \underset{2}{4}\right) = 2x(x+2)(x-2)
$$

$$
\rightarrow 3x^4 + 3x^3 - 18x^2 = 3x^2\left(\underset{x}{x^2} + \underset{3x}{x} - \underset{-2}{6}\right) = 3x^2(x-2)(x+3)
$$

$$
\rightarrow 2x^5 + 10x^4 + 12x^3 = 2x^3\left(\underset{x}{x^2} + \underset{2x}{5x} + \underset{3}{6}\right) = 2x^3(x+3)(x+2)
$$

$$
\rightarrow 6x^2 - 24x + 24 = 6\left(\underset{x}{x^2} - \underset{\substack{2(x)(2)\\=4x}}{4x} + \underset{2}{4}\right) = 6(x-2)^2
$$

Después se obtiene el M. C. M. de los coeficientes que son el 2, 3, 2 y 6

$$
\begin{array}{cccc|c}
2 & 3 & 2 & 6 & 2 \\
1 & 3 & 1 & 3 & \underline{3} \\
1 & 1 & 1 & 1 & 6
\end{array}
$$

⎱ Se multiplican

Este es el M. C. M. de los coeficientes

Por último, primero se coloca el M. C. M. de los coeficientes que es 6 y después se colocan los factores primos distintos y si se repiten se coloca solo una vez y si son de grado diferente se coloca el de mayor grado por lo que en este caso solo se tienen los factores x^3, $(x-2)^2$, $x+2$ y $x+3$, entonces se tiene que el

$$
\text{M. C. M.} = 6x^3(x-2)^2(x+2)(x+3)
$$

Ejercicios:

Hallar el Mínimo Común Múltiplo (M. C. M.) de:

---

1. $3x+3$, $6x-6$ $\qquad R:6(x+1)(x-1)$

---

2. x^3+2x^2y , x^2-4y^2 $\qquad R:x^2(x+2y)(x-2y)$

---

3. $4a^2-9b^2$, $4a^2-12ab+9b^2$ $\qquad R:(2a-3b)^2(2a+3b)$

---

4. $3ax+12a$, $2bx^2+6bx-8b$ $\qquad R:6ab(x+4)(x-1)$

---

5. $(x-1)^2$, x^2-1

$R:(x-1)^2(x+1)$

6. x^3+y^3, $(x+y)^3$

$R:(x+y)^3(x^2-xy+y^2)$

7. $x^2+3x-10$, $4x^2-7x-2$

$R:(x+5)(x-2)(4x+1)$

8. $x^3 - 9x + 5x^2 - 45$, $x^4 + 2x^3 - 15x^2$

$R: x^2(x-3)(x+3)(x+5)$

9. $8(x-y)^2$, $12(x^2-y^2)$

$R: 24(x-y)^2(x+y)$

10. $6a(m+n)^3$, $4a^2b(m^3+n^3)$

$R: 12a^2b(m+n)^3(m^2-mn+n^2)$

11. $2a^2 + 2a$, $3a^2 - 3a$, $a^4 - a^2$

$R: 6a^2(a-1)(a+1)$

12. $x^2 + x - 2$, $x^2 - 4x + 3$, $x^2 - x - 6$

$R: (x+2)(x-1)(x-3)$

13. $10x^2 + 10$, $15x + 15$, $5x^2 - 5$

$R: 30(x^2+1)(x+1)(x-1)$

14. $4a^2b + 4ab^2$, $6a - 6b$, $15a^2 - 15b^2$ $\qquad R: 60ab(a+b)(a-b)$

15. $a^2 - 2ab - 3b^2$, $a^3b - 6a^2b^2 + 9ab^3$, $ab^2 + b^3$ $\qquad R: ab^2(a-3b)^2(a+b)$

16. $20(x^2 - y^2)$, $15(x - y)^2$, $12(x + y)^2$ $\qquad R: 60(x-y)^2(x+y)^2$

17. $2x^3 - 12x^2 + 18x$, $3x^4 - 27x^2$, $5x^3 + 30x^2 + 45x$

$R: 30x^2 (x-3)^2 (x+3)^2$

18. $2(3n-2)^2$, $135n^3 - 40$, $12n - 8$

$R: 20(3n-2)^2 (9n^2 + 6n + 4)$

19. $18x^3 + 60x^2 + 50x$, $12ax^3 + 20ax^2$, $15a^2x^5 + 16a^2x^4 - 15a^2x^3$

$R : 4a^2x^3 (3x+5)^2 (5x-3)$

20. $1+a^2$, $(1+a)^2$, $1+a^3$

$R : (1+a^2)(1+a)^2 (1-a+a^2)$